空間から読み解く

環境デザイン入門

Design literacy

菅野博貢 著

彰国社

はじめに

　日本の都市景観は、先進国の中で最悪と言われます。先進国クラブと言われるOECD（経済協力開発機構）からは、「都市デザインの質は、都市の魅力、ひいては都市の競争力維持に必要不可欠だから、もっと適切な規制を設けて都市景観の乱雑さを解消せよ★1（筆者要約）」という勧告まで受けたこともありました。あまり知られていないようですが、ずいぶんと不名誉な勧告を受けたものです。

　日本の都市空間は、すでに雑多なデザインであふれかえっています。まちなみのデザインが厳しく規制されるヨーロッパなどの先進諸国とは異なり、日本の都市の建造物に対するデザインの規制はほとんどありません。個々の判断や好み、その時々の懐事情によって自由に、あるいは無造作にデザインが選択されてきた結果と言えるでしょう。しかしながら、成熟した社会のあり方として、このように乱雑さをさらけ出したままでよいのでしょうか。

　多くの先進諸国では、厳しいデザイン規制を敷くことによってまちなみの美しさを保っています。しかし、規制を敷くということは個人の自由を縛ることです。私権（個人の権利）が非常に強い日本において、個人の住宅や商店のデザインを規制するということは、そう簡単には受け入れられそうもありません。

　一縷の望みは、市民がまちづくりに参加する機会が増える中で、市民のデザインに対する鑑識眼（デザイン・リテラシー）を高めていくことではないかと思います。身の回りの空間を満たすモノのデザインがどんな意味を持っているのか、あるいは、これからどんなデザインをまちづくりに持ち込むのか、市民が闊達に議論する「手がかりとしての言葉」を得ることから始めてはいかがでしょうか。

　今まで、何となく和風と考えていたもの、何となく近代的と思えていたもの、何となく斬新だと感じていたもののデザインに、実はどんな背景や意味があるのか、本書はその理解の手がかりを与えたいと考えています。

　本書は2部構成です。第1部の第1章、第2章では日本とヨーロッパの伝統的なランドスケープ・デザインを取り上げます。第3章、第4章では近代の始まりである産業革命期から戦後のデザイン・ムーヴメントについて取り上げます。この第1部では、それぞれのデザインの成立過程と、その代表的なデザインの事例を示し、それらのデザインが私たちの身の回りの生活空間の中でどのように取り入れられているのか、時代順に見ていきます。日常の中で何気なく見ていたモノのデザイン的ルーツが、読者の皆さんによって再発見されることを願っています。

　第2部は、第1部とは異なり現在進行中のデザインの現象について、それらが発生した原因や、その問題点などを論じています。その解決策や対応方法について試論を述べていますが、まだ歴史的に確定した事象ではないので、今後のデザインコントロールや地域計画がどうあるべきか、読者の皆さんも一緒に考えていただければと思っています。

　実のところ、その良しあしにかかわらずモノのデザインのルーツを探るのは、謎解きのように楽しい行為です。その場にあるデザインが時空を超えて、世界の有名なデザインとつながっていることを知ることはわくわくします。本書を手にした皆さんが、ドアのすぐ外に広がるデザインの冒険に出てくださることを願ってやみません。

注釈
★1　OECD 対日都市政策勧告、2000 年 11 月

西洋庭園のグロッタ

日本庭園の石組み

日本庭園の築山

日本庭園の洲浜

アントニオ・ガウディの有機的なうねりとモザイクタイル

舎人公園（東京都）のこどもプールのデザインとそのルーツ

よく練られた公共デザインには、様々なデザイン的含意が認められる。

目次

凡例

■ 姓名は、基本的に「ヴァルター・グロピウス」のように中黒（・）でつないだ。

■ 人名・地名のカタカナ表記は、できるだけその国の呼び方に従った。ただし、慣用的に使われているものについては、その名称を用いた。基本的に、古代〜近世までの人名は通称を用いた。近代以降については、原則として初出でフルネームを入れ、特に重要な人物についてはローマ字を併記し、2回目以降では可能な範囲において通称で記した。

序 章

身の回りのデザインを鑑る眼

飛鳥時代の庭園遺構と推測される酒船石のデザインに通じる公園内の水路（舎人公園、東京都）

生活空間における多様なデザインの捉え方

　本書は身の回りの生活空間のデザインを理解することを主な目的としている。身の回りの生活空間のデザインとしての「環境デザイン」は、「環境」も「デザイン」も曖昧な概念の組合せであるため、「環境デザイン」という言葉を定義付けることは思いのほか難しい[★1]。

　大学の環境デザインに関わる学科やコースの説明を見ると、おおよそは「小は屋内の家具やインテリアから、大は都市・地域まで、つまりはすべてのスケールにおける空間を対象とするデザインが環境デザインであり、人、社会、自然との関係においてハードもソフトも含む」とある。あるいは、「『環境』で『デザイン』する行為と捉え、デザインの対象を造園・建築・都市計画・土木等におき、生態学・心理学・歴史学・文化人類学……等々の方法論を導入して、人・社会・モノの調和を図ること」としているものもある。どのような解釈においても「環境」という言葉が何モノも規定しない言葉であるため、このように果てしなく拡散する解釈にならざるを得ないのは理解できる。だが、デザインを専門としない一般の人々や初学者にとって、これでは取り付く島もない。

　本書では学術的な定義が目的ではなく、生活空間にあふれるデザインを一般の人々の目線でも捉えやすく提示することを目的としている。便宜的に生活空間に見るデザインの世界を現実に即してシンプルに整理してみたのが次の図1である。

　まず、二次元のグラフィック・デザインの様態は、「形」+「色」で成立している[★2]。三次元のインダストリアル・デザイン（立体的なモノ全般のデザインと捉えてよい）は、この「形」+「色」に「素材」が加わった様態である。そして、「形」「色」「素材」に「土地」と「法規」が直接様態に作用するのが環境デザインである[★3]。

　ここで言う「土地」には、特定の場の歴史、気候風土、生態系など、その土地に関わる多様なものが含まれる。この「土地」をいかに解釈するか、どこまで深く掘り下げるかが、環境デザインを実践するうえでの最も重要なポイントということになる。また、「法規」は直接特定の場には縛られない普遍的な規定要件となる。法規はモノのデザインにも安全性の確保などから重要な要素として関わってくるのだが、環境デザインにおいては法規そのものが視覚的形態として現れる点で、大きく異なっている。学習が進めば進むほど、この「法規」がいかに身の回りのデザインを決めているかを思い知ることになる。

　さて、どうだろう。このようにシンプルに整理すれば、環境デザインの初学者が周囲のデザインをどう見ればよいか、把握しやすくなったのではないだろうか。ただし、環境デザインの世界では、デザインやその他の存在が分野を越えて混合する現象が往々にして生じる。それを説明したのが図2である。

　図示したように、二次元で完結したはずのグラフィック・デザインや、モノのデザインであるインダストリアル・デザインが、環境デザインの中に入ってくることは日常的に生じる。このとき環境デザインの「土地」「法規」と軋轢を生じないのであれば、それは統合された「あるべき環境デザイン」として定着が可能ということになる。

グラフィック・デザイン

形	色

インダストリアル・デザイン

形	色	素材

環境デザイン

形	色	素材	土地	法規

図1　デザインを構成する要素

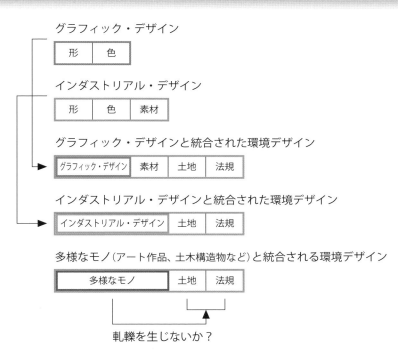

グラフィック・デザイン

形	色

インダストリアル・デザイン

形	色	素材

グラフィック・デザインと統合された環境デザイン

グラフィック・デザイン	素材	土地	法規

インダストリアル・デザインと統合された環境デザイン

インダストリアル・デザイン	土地	法規

多様なモノ（アート作品、土木構造物など）と統合される環境デザイン

多様なモノ	土地	法規

軋轢を生じないか？

図 2　他分野のデザイン等と統合された環境デザイン

だが、逆に軋轢を生じる場合は問題のある環境デザインであり、本来そこに存在すべきではない、ということになる。

　本書では、この「形」「色」「素材」の要素に「土地」と「法規」が絡んだ環境デザインの世界を意識して紹介している。後半にいくほど「土地」と「法規」という現実世界の局面がクローズアップされるのだが、読者もこれらを手がかりとして、デザインとその周辺で発生している問題を読み解いていっていただきたい。

写真1　生田エントランススポット（神奈川県川崎市）
グラフィック・デザインやインダストリアル・デザインと融合した環境デザインの例（筆者設計）

注釈

★ 1　環境デザイン研究会編著『環境デザイン ― 体験・風土から建築・都市へ』学芸出版社、1998、P.1～2 を参照した。

★ 2　すべてのデザイン分野に共通する「安全性」「モラル」「機能」「コスト」は煩雑さを避けるために便宜的に省略する。また、聴覚、嗅覚、味覚に関わる要素は、デザインにおいてはまだ特殊な領域にあるため同様に省略する。

★ 3　「建築デザイン」も「土地」に根ざし「法規」の規定を受けるので、大きな意味で「環境デザイン」と捉える。

デザインの要素から見た景観比較

　美しい自然景観、世界に誇る豊かな伝統文化を有する日本において、都市の景観は美しくない。特別に保全されたエリアを除く地方都市も、ほとんどの集落も、人工的な景観はおしなべて質が低い。この現実を環境デザインを捉える要素である「形」「色」「素材」「土地」から確認したうえで、あるべき日本の都市景観を考える出発点としたい。

1）形態と色彩から見た景観デザイン

　「形」と「色」は景観のデザインを語るうえで最も分かりやすい要素と言えるだろう。また、大都市の主要商業エリアは、まさにその都市の「顔」であり、どの国もその景観の美しさや品格を競っている。その国の最上級に位置付けられている都市景観ということであり、各国比較の対象としてふさわしい。

　図3は大都市の商業エリアの景観を形態と色彩から比較してみたものである。この図からも分かる通り、ヨーロッパの大都市では形態と色彩が高度な次元で統一されており、美しいまちなみを形成している。これらの都市を代表する商業エリアの景観は、近代以前からの長い歴史を有しており、破壊されても修復を繰り返しながら今日まで大切に伝えられてきたものである。特にポーランドのワルシャワは、第二次世界大戦時に東京と同様の徹底的な破壊にあったにもかかわらず、戦後は膨大な時間と手間をかけて、レンガの一つに至るまで戦前の景観に修復されたことが知られている。今日でも経済的な理由で歴史的建造物が破壊され、高層ビルに置き換えられる日本の現状とは大きな違いである。

　日本の大都市の商業エリアは、その景観において形態と色彩の統一感には程遠く、雑然とした印象が強い。雑然さはにぎわいの演出ともなり、必ずしも問題視されるものではないのだが、整った場があってこその雑然さではないだろうか。日本のほとんどの都市の商業エリアには雑

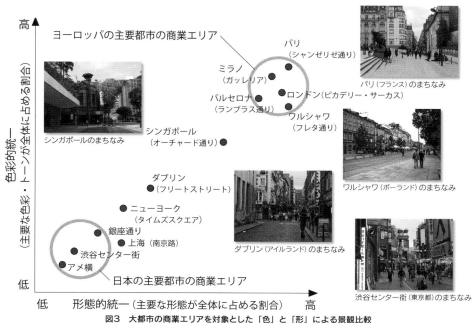

図3　大都市の商業エリアを対象とした「色」と「形」による景観比較

然さしかなく、どの地方都市に赴いても個性が極端に乏しい。

2）素材と土地から見た景観デザイン

素材にはその素材特有の色があり、素材にふさわしい形をともなうことも多い。また伝統的な素材、特にその土地で調達される地場材を用いている場合には、伝統的な工法も残っていることが多い。つまり、ある景観の中で素材の統一が図られれば、一気に色彩と形態の統一がもたらされ、なおかつ文化的な形質や技法も継承できる可能性がある。世界遺産や各国が選定している「美しい街」や「美しい村」のランキングを分析すると、色彩や形態の統一よりも、素材の統一が景観美の決め手になっている場合が多い。図4に示したように、グラフの右上にある世界遺産級の集落は、間違いなく素材的統一の度合いが高い。

日本には文化財保護法によって重要伝統的建造物群保存地区に指定されたいわゆる重伝建地区指定のまちなみが、101市町村で123地区

存在する（2020年12月現在）。しかしながら、日本の重伝建地区は、その指定エリアから離れると途端に伝統的形質を失った建造物が多くなる。また、一般的な都市や集落と重伝建地区との間に中間的な存在はなく、重伝建地区は完全に「別物」として存在しているような状況がある。

その点、ヨーロッパの歴史保全地区ではその周辺も景観的な質が急激に落ちることはなく、保全地区ではない近隣集落も景観的に見劣りしないことが多い。日本の重伝建地区指定が期待しているのは、表層的で深みのない観光集客のみを期待したまちづくりであるように見える。一方、ヨーロッパの伝統的な居住スタイルを守る人々は、伝統的な美しい集落景観を守りつつも、農業機械などの必要な設備は世界的にも最新のものを導入し、経済的にも観光に依存しない豊かな生活を送っていることが少なくない。本当に質の高い生活とは何か、伝統的な景観を通して日本人はもう一度考えてみるべきだろう。

ドブロブニク（クロアチア）のまちなみ

白川郷（岐阜県）の集落景観

オーロ・プレット（ブラジル）のまちなみ

宏村（中国）の集落景観

図4　小・中都市、集落における素材と伝統的形態の保全状況から見た景観比較

第 1 部

身近な空間の
デザインを読む

　現代に暮らす私たちの身の回りの空間は、数多くのデザインで満ちている。特に商業エリアにおいては、雑多なデザインであふれかえっていると言ってもよい。一部の景観保全地区を除き、最低限の建築規制を遵守さえすれば、ほとんどどんな形態の建築を建てても、どんなデザインを採用しても構わない日本には、この制約の少ない制度がつくり出した雑然とした景観が広がっている。

　自由で「何でもあり」のデザインの用法は、一方でどこのまちの景観も同じにしてしまった。沖縄から北海道までまちなみの様子はどこも似たり寄ったりで、一部の観光スポットを除くと、まちなみ景観からその土地のアイデンティティを感じることは難しい。

　厳しい形態規制によって美しいまちなみを維持しているヨーロッパの都市がいいのか、雑然としたまちなみでも自由なデザインができる日本の都市がいいのか、議論の分かれるところだろう。だが、「クール・ジャパン」を標榜し、海外から多数の旅行者を受け入れ、これから観光立国を目指そうというのであれば、成熟した節度のあるデザイン文化を示してほしいと願うのは、筆者だけではないだろう。

　第1部では、まちなみのデザインを議論する際に、そもそも眼前にあるデザインがどんな意味を有するのか、ランドスケープ・デザインの歴史に沿って解説する。見慣れたまちのデザインがどんな意味を持っているのか、再発見されることを願っている。

第1章

日本庭園のデザインをルーツとする現代のデザイン

日本の庭園文化を代表する西芳寺（苔寺）庭園（京都府）

1-1 現代に続く 最も古い日本庭園のかたち

1 古代の庭園と日本庭園の成立

最初の日本庭園がどのようなものであったのか、まだ定説はない。主に北東北地方に分布する環状列石や、全国に分布する古墳の表面に敷き詰められた丸石など、その後の庭園遺構に通ずるような意匠も見られるのだが、今日的な意味での庭園空間であったことを証明できるものはない。

飛鳥時代の酒船石遺跡（写真1、奈良県高市郡明日香村）は、発掘調査によって庭園遺構であったことが確認された最初期の例である。だが、今日のわが国の庭園文化に直接連続したものとは言い難い。それらは当時最先端であった中国大陸の庭園文化を直輸入したものと考えられている。それ以前から文化的に根付いた環境があったわけではなく、その後に引き継がれることもなかったとみてよいだろう。

須弥山石（写真2、奈良文化財研究所飛鳥資料館蔵）は、高さ2.3メートルもある巨大な装飾石である。文様のつながりから、かつては下段の第1石とその上の第2石の間にもう一つ石があり、高さは3.4メートルに達したと推定される（写真2の須弥山石は飛鳥資料館の庭に置かれた縮小複製品で、下から2段目の石は失われた石を推定復元したもの）。下方から細い穴が内部に通じており、水を吹き出す噴水のような装置として使われたと推定されている。長年その使い方が謎だった前出の酒船石も、須弥山石同様に水を使った庭園遺構の一部と推定されている。

今日のわが国の庭園文化に連続する明らかな庭園遺構としては、平城宮（710-740、745-784）跡から発掘された東院庭園（写真3～6）と宮跡庭園（平城京左京三条二坊宮跡庭園）があげられる。この二つの庭園は奈良時代に造営された平城京内にあった庭園である。驚くべきことに、これらはその後の日本庭園の基本的な要素をすでに備えている。日本庭園の祖型とも言うべき美しい海洋風景が、見事に再現されているのである。

明確な歴史的庭園遺構として位置付けられ

写真1 酒船石

写真2 須弥山石（縮小複製品）
実物は資料館内にあり二回りほど大きい。

写真 3　遺跡の上に復元された東院庭園（奈良県）

る東院庭園に見られる海洋風景は、「洲浜
（「州浜」も用いられる）」と呼ばれる緩やか
な海岸線（写真4）と、「荒磯」と呼ばれるリア
ス式海岸のような荒々しい岩の景色（写真5）
とが組み合わされている。この海洋風景を模
したデザインは、その後の平安時代から現代
に至るまで、綿々と受け継がれていくことに
なる。
　もう一つ、当時流行したと伝わる曲水の宴
にまつわる水の流れ（写真6）も、すでに平城

写真 4　東院庭園の復元された洲浜

写真 5　東院庭園の復元された荒磯

写真 6　東院庭園の水の流れ

宮跡の発掘庭園に見られ、次の平安時代の庭園空間に引き継がれる。

2 最初期の庭園に通じる現代空間のデザイン

洲浜と荒磯は、現代の公園や緑道でも定番のデザイン・モチーフとなっている（写真7、8）。

本格的に洲浜を再現しようとしたデザインは、直径数センチの白い丸石を池や小川の水辺に敷き詰めたもので、全体として緩やかな曲線を描いている。丸石は十数センチ程度の比較的大きなものもあれば、白砂を用いて本物の砂浜を再現しようとしたものもある。また白色のものが多いが、花崗岩などを用いた

写真7　美術館の庭に忠実に再現された洲浜と荒磯
意外にも現代美術と絶妙の相性の良さを見せる（川崎市岡本太郎美術館）。

写真8　洲浜と荒磯を用いた緑道景観（東京都）

写真9　抽象化された洲浜の意匠（東京都）

有色のものも少なくない。

　変形バージョンの多様さは設計者のイマジネーションの広がりそのものだが、コンクリートの洗い出しで表現したもの、カラーセメントで色分けしただけのもの、果てはインターロッキングブロックでパターンだけ真似たものまで、実に様々である。

　水辺を表現する緩やかな曲線は、多少変形しても、また素材を変えても洲浜をルーツとしたデザインであると分かる（写真9）。簡素なものであっても、洲浜のデザインが施されているだけで心がなごむように感じるのは、日本人の感性ではないだろうか。

　一方の荒磯は、洲浜ほどのヴァリエーションはない。基本的には表面の粗い自然石を水辺などに置くというパターンである。洲浜が抽象化して曲線だけになっても視覚的に耐えられるのに対して、荒磯のほうは抽象化しにくいという特性がある。抽象化した例もあるのだが、成功例に出会うことは非常に少ない。また、陸に揚げられた荒磯は、後述する

枯山水をルーツとするデザインと見分けがつかない（写真10）。この場合は、和風の石組み全般として捉えればよく、無理に峻別する必要はないだろう。ただし、和風の石組みを現代の空間に設置する場合には、設置者の感性の良しあしが現れやすいということは銘記すべきである。単に大きな自然石を並べるだけで、美しさが感じられない事例が少なくない（写真11）。公共空間の造形にも造園学を学んだ者の眼がもっと活かされることを願いたい。

　洲浜と荒磯のデザインは、次の平安時代から現代に至るまで、基本的な水辺のデザインとして使い続けられている。この二つの要素さえあれば日本庭園と見えてしまうほど、デザインの支配力は強い。なお、現在見学可能な平城宮跡の東院庭園と平城京左京三条二坊宮跡庭園の二つの庭園は、どちらもきわめて貴重な歴史的庭園遺構である。ランドスケープ・デザインを学ぶ者としては、必見の庭園であろう。

写真10　緑道に置かれた荒磯（または枯山水）をルーツとするデザイン
陸上にある石組みのかたちのルーツが荒磯か枯山水かを判断するのはほぼ不可能であり、どちらと判断しても誤りではない。この写真の石組みもどちらともとれる事例である。

写真11　川べりに置かれた荒磯をルーツとするデザイン
かつて「石を立てること」は、作庭行為そのものを意味した。石組みをデザインすることには、高度な造園的美的感覚が要求されるはずだが、ただ単に自然石風の大きな石を並べただけに見える。

曲水の宴における流れのデザイン

日本で曲水の宴を行う空間といえば、緩やかに流れる自然の小川のような流れを挟んで吟詠家が着席する風景が思い浮かぶ。では、オリジナルの中国の曲水の宴の風景はどうだったのだろうか。現在、「歴史上最も有名な書」として知られる王羲之の『蘭亭序』の故事をもとに中国でも曲水の宴が開かれているそうだが、これは1986（昭和61）年から行われるようになった行事であり、日本の曲水の宴を逆輸入した風景にも思われる。

中国の文化が日本に流入する際に通過したと考えられる朝鮮半島、韓国の古都、慶州には曲水の宴の跡と伝えられる鮑石亭がある。これは日本の曲水の宴の空間とはかなり趣が違い、かっちりとした石材でつくられた人工的な流れである。

複雑な曲線を硬い石材でつくる技術と手間は相当なものだろう。筆者がこの鮑石亭を訪れたのは、1988年の夏だったが、それから十数年後に中国重慶の近くにある大足石窟でこの鮑石亭に雰囲気がよく似た水路を見つけた。曲水の宴との関連を示す説明はなかったのだが、硬い石材を曲線的に加工して連続させた水路は、造形的に共通するものに見える。

鮑石亭は新羅第49代の王である憲康王（生年不詳-886没、在位875-886）の頃の遺跡と言われる。一方、大足石窟は9世紀から13世紀頃の遺跡と言われるから、時代としては重なっている。韓国のほうの説明には「中国、日本にもかつて曲水の宴はあったが、現在まで残っているのは鮑石亭のみ」とある。その真意はともかく元来の中国から伝わった曲水の宴のかたちに近いのは、こちらであるかもしれない。それと酷似した大足石窟の流れは、オリジナルの地に残った（あるいは再建された）造形であろう。大陸における徹底して人工化された空間での曲水の宴と、日本の自然に抱かれたような空間での曲水の宴は、両者の文化的特質の違いを表出しているように思われる。

韓国の鮑石亭

毛越寺（岩手県）の曲水の宴
毎年5月の第4日曜日に開催される。

1-2 浄土式庭園／寝殿造り系庭園を ルーツに持つ現代のデザイン

1 浄土式庭園／寝殿造り系庭園の ルーツと成立

　浄土式庭園と寝殿造りの建築に付随する庭園（便宜的に「寝殿造り系庭園」と呼ぶ[★1]）のどちらが先に現れたのだろうか。厳島神社のようなやや特殊な例を除くと、平安時代以来の寝殿造り系庭園の形態を維持したものは現存しない。その後、11世紀の中頃に末法思想（P.21コラム参照）が吹き荒れた後に、寝殿造り系庭園が浄土式庭園につくり変えられたことはよく知られている。現存状況からだけ見ると寝殿造り系の庭園が先で、その後に浄土式庭園が現れたように見えるが、厳密に考えると判断は難しい（写真1）。

　そもそも浄土式庭園は「仏教世界の理想郷＝浄土」を現世に表現したものであるから、仏教的なコスモロジー（宇宙観、世界観）は仏教伝来と共に日本に伝わってきていたと考え

るのがむしろ自然だろう。仏教伝来の時期も諸説あるが、今のところ538年説が有力で、思想として広まり始めたのは540年代から550年代と言われている。

　浄土世界の視覚的イメージも、どこまで明確であったかは別として、この頃に伝わったと考えられよう。浄土式庭園の最古の例としてあげられる阿弥陀浄土院は、761年頃の造営と伝えられる。また、現存する日本最古の曼荼羅図（高雄曼荼羅。京都市右京区神護寺所蔵）は、天長年間（824-834）に空海（774-835）が唐から請来した原本を元に描かれたと言われる。浄土式庭園が盛んにつくられるようになる末法元年よりも200年以上前、また寝殿造りの建築が成立する10〜11世紀より以前に、このような浄土の空間的イメージがあったことは明らかである。

　一般的には、貴族の摂関政治の衰退から世

写真1　代表的な浄土式庭園として知られる平等院鳳凰堂（京都府）

の中が乱れ、中国から伝わった末法思想が世間を席巻し、浄土に救いを求める浄土信仰が広まることで、浄土式庭園が造営されるようになった、と言われている。だが、過去の文献の記述などから復元された寝殿造りの庭園を見ると、池や中島、それらに架けた橋など、仏教の浄土的世界の空間要素と共通する点が少なくない。末法思想の影響で寝殿造りが浄土式に改変される以前から、すでに寝殿造りは浄土的空間要素を色濃く持っていたようにも見える。

もう一つ重要なのは、中国からの影響をどう考えるかである。中国の浄土宗は曇鸞（476-542頃）を開祖として北魏時代（386-534）に始まる。

日本の浄土宗はこの流れを汲んで、法然（1133-1212）が善導（613-681、中国浄土宗の第三祖と言われる）撰述の『観無量寿経疏★2』により専修念仏の道に進み、叡山を下りて念

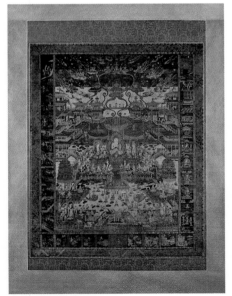

写真2 當麻曼荼羅
この写真の當麻曼荼羅の制作年は1750（寛延3）年。中将姫の伝説で知られる當麻寺の本尊としての當麻曼荼羅（観無量経浄土変相図）の制作年は763（天平宝字7）年である。その後、多くの写しが制作されたと考えられる。

仏の教えを広めた1175（安元元）年とされる。善導は300幅もの「浄土変相図」を描いている。それらの図は日本に伝わり、「當麻曼荼羅」（写真2）として表されている。これら曼荼羅の空間構成は基本的に共通するもので、阿弥陀、観音、勢至ら37尊が中央の方形の台座に乗り、その周りを蓮池が囲み、さらに周囲を絢爛な楼閣が囲んでいる。日本の浄土式庭園の中央に阿弥陀堂、その周囲に蓮池を配す構成は、基本的にこの當麻曼陀羅図と共通している。一方で、日本に仏教世界を伝えた中国には、このような構成の庭園は、現物はおろか文献上にも現れないようである。

曼荼羅の図自体、存在するのはチベットやモンゴル、ブータン、そして日本といった中国文化圏の周縁部であることを考えると、道教や儒教といった自前の宗教を持った中国人にとって、インド由来の外来宗教は、それほど中心的な位置を占めるまでには至らなかったのかもしれない。

以上のことから類推すると、中国から伝来した密教の曼荼羅図などから仏教の浄土のイメージを得た日本人は、自分たちの風土に適合した浄土像を地上に再現しようとしたことがうかがわれる。寝殿造りが発展する過程でもその外構空間のイメージは踏襲され、再び浄土式庭園が作庭される際も多くの点で空間要素を引き継いだのではないだろうか。

2 浄土式庭園／寝殿造り系庭園の歴史的なデザイン

浄土式庭園に現れる特徴的なデザインとしては、まずその全体の配置があげられる。単純化して記述すれば、比較的大きな池とそこに浮かぶ中島、そして中島に架かる反橋、平橋があり、入口から見て一番奥に阿弥陀堂が置かれる、という全体的な配置である。

写真3の金沢文庫の称名寺庭園は典型的な浄土式庭園のかたちをしている。絵図の下端

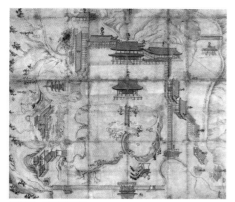

写真3　称名寺絵図
東京都心からでも短時間で行ける浄土式庭園として知られている。

中央が入口となっており、入口の門を入って直進すると反橋があり、反橋を渡ると中島に至る。さらに中島から平橋を渡り対岸に至ると金堂、釈迦堂に達する。ここから先は極楽浄土ということになる。

有名な平等院鳳凰堂（写真1）の庭も浄土式庭園の代表的なものであり、池泉と阿弥陀堂による基本的な構成は、他の浄土式庭園と共通している。創建当時の平等院の庭園は、宇治川に向かって開けた大規模なものであったことが、近年の発掘調査によって明らかに

なっている。

なお、浄土式庭園のディテールのデザインに特徴的なものはない。水際は、その前の時代から引き継いだ洲浜と荒磯で構成されている。現存する浄土式庭園は多くはないが、幸い現存する庭園には見学可能なものが多い。

寝殿造りの建物と庭園で一つ注意しておきたいのは、近年まで歴史の教科書にも寝殿造りの典型的な平面形態として頻出した「東三条殿」の左右対称の平面図が、現在ではほぼ否定されているということである。インターネットで情報収集すると、現在でもこの古い東三条殿の平面図が頻繁に現れるので注意しておきたい。図は川本重雄によるもので、現在、最も信憑性が高いと考えられている東三条殿の平面図である。

さて、寝殿造りの庭園に特徴的なデザインとしては、建築と外部空間との関係において、水上に架かる釣殿や主要な建物を結ぶ渡殿があげられるだろう。水の流れの上に架かる建築のイメージは、世界的に有名な建築家フランク・ロイド・ライトの落水荘にも引用されたといわれる。日本的空間デザインを特徴付ける典型的な構成と言えるであろう。

その他、反橋、平橋は浄土式庭園と共通であり、遣水は空間的な配置は異なるものの、前の時代の曲水の宴で用いられた水の流れと共通である。

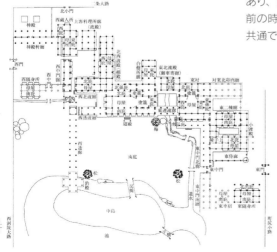

図　東三条殿復元図
有名な左右対称に近い東三条殿の復元形態は、現在では否定されており、この川本案が最も実態に近いと考えられている。

3 浄土式庭園／寝殿造り系庭園に通じる現代空間のデザイン

浄土式庭園／寝殿造り系庭園に通じる現代空間のデザインは多いほうではない。だが、時に驚くようなデザインに出会うこともある。写真4は、東京都江東区清澄公園にあった遊具である。ほとんど完璧に近い浄土式庭園の応用デザインである。蓮池に見立てた園池の底は玉石で丁寧に洲浜状に仕上げられ、中島には反橋、平橋が架かり、対岸の東屋は阿弥陀堂に見立てられている。これまで出会った伝統的デザインの応用例の中でも出色のものであったのだが、残念ながら現在は木造の部分は撤去されてしまった。たとえ子どもの遊具であっても、このような含意のあるデザインを用いることには意味がある。

写真4　浄土式庭園の意匠を用いた遊具（東京都江東区清澄公園）
左側から反橋を渡って中島に至り、平橋を渡って阿弥陀堂に見立てた東屋に至る。

注釈

★1　最初期の庭園様式の呼び名は資料、文献によってばらつきがある。仏教の極楽浄土に倣って造営された庭園は、「浄土庭園」「浄土式庭園」「浄土系庭園」などと記載される。貴族の寝殿造りの邸宅に付随する庭園は、「寝殿造庭園」「寝殿造り系庭園」などと記載される。同じく、後述する武士の屋敷である書院造りの庭も「書院造庭園」「書院造り系庭園」などと記載される。

★2　観無量寿経疏は『観無量寿経』の注釈書である。観無量寿経は日本の浄土教の根本聖典の一つと位置付けられている。

末法思想とは？

釈迦が説いた正しい教えがこの世で行われている時代を「正法」と呼ぶ。次に教えが行われても外見だけ修行者のように見えるだけで悟る人のいない時代、「像法」が来る。その後には人も世も乱れ、正法が全く行われない時代、「末法」が来る。日本では1052（永承7）年が末法の始まる年であるとされたが、中国では日本よりも早く隋（581-618）、唐（618-907）の時代には流行していた。当然ながら894（寛平6）年まで続いていた遣唐使によってもたらされた思想であっただろう。

唐に渡って仏教を学んだ最澄（766-822）には、すでに末法の世という自覚があったと言われる。実際の社会でも、貴族による摂関政治の衰退、武士の台頭と治安の乱れ、天台宗をはじめとする仏教界にも僧兵が出現し退廃していったことなど、「この世の終わり」を予見させるようなことが続いていた。

この世が終わりであるならば、あの世（＝浄土）に救いを求めるしかない、ということで浄土宗（法然）、浄土真宗（親鸞）が広まっていった。末法元年の頃は経塚が造営されたが、やがて浄土世界を現世に再現しようという動き、つまり浄土式庭園の造営が活発になる。今日現存する浄土式庭園はこのような社会背景のもとにつくられたが、もともと寝殿造りだった貴族の邸宅が浄土式庭園に改変された例も少なからずあったと言われ、今日寝殿造りの建築と庭園がほとんど存在しない原因にもなっている。

1-3　禅宗の庭をルーツに持つ現代のデザイン

1　禅宗寺院の庭のルーツと成立

　平安末期から鎌倉時代に入ると、貴族が徐々に衰退し武士が台頭する時代となる。だが、庭園文化は貴族の寝殿造り系の庭園から武士の書院造り系の庭園に一気に移行したわけではない。武家の興隆と軌を一にして、中国から帰国した留学僧や中国の渡来僧によってもたらされた禅宗が、建築や庭の空間に大きな影響を及ぼした。その代表は蘭渓道隆（1213-1278）と無学祖元（1226-1286）の二人である。庭園史を時系列的に見ると、寝殿造りの庭の後、禅宗寺院の庭、書院造りの庭の順に現れたと捉えられる。

・蘭渓道隆

　中国南宋時代の禅僧で涪州（現在の四川省）出身。北条時頼に請われて建長寺の開山となり、そこに中国式の禅宗伽藍を建立した。建長寺はその後の日本の禅宗伽藍の規範となる。その配置は周辺環境も含めて、池や人工の建物、庭園などを「境致」とし、それらに対峙して詩に詠み留めるという禅宗寺院における空間のあり方に基づくものであった。この創建当時の建長寺方丈庭（書院庭に対する寺院方丈の庭）は蘭渓道隆作とされるが、江戸時代に大きく改修され、当初の面影はないとされる。

・無学祖元

　中国南宋時代の禅僧で慶元府（現在の浙江省寧波市周辺）出身。1275（建治元）年温州の能仁寺で侵攻して来た蒙古軍に包囲されるも命を救われ、その後、北条時宗の招きに応じて来日する。来日した1279（弘安2）年は南宋が滅亡した年であり、1282（弘安5）年には元寇での戦没者を弔うために建立した円覚寺の開山となった。円覚寺の境致は建長寺とは異なり、谷戸の高低差を活かしたもので、やはりその後の規範となっていく。無学祖元は、その弟子の高峰顕日（1241-1316）の弟子に日本庭園史上、最大級の足跡を残した夢窓疎石が現れたことでも名を残すことになった。

　蘭渓道隆と無学祖元の作庭は現在では見ることができない。だが、建長寺や円覚寺に残した「境致」という自然と人工物との融合を図った大きな空間の見立ては、日本人の風景観に大きな影響を及ぼしたと言えよう。次に現れる巨星、夢窓疎石の造園の礎にもなっている。

・夢窓疎石

　日本の造園史に大きな足跡を残す夢窓疎石（1275-1351、写真1）は、伊勢国（三重県）に生まれ、甲斐国（山梨県）で幼少期を過ごす。若くして名声を得たが、京都、鎌倉といった中央での活動を避けつつ各地の寺院を転々とする。夢窓疎石の評判を聞いて集まる数多くの修行僧から逃れるためだったとも言われる。

　当代随一の臨済宗の高僧であった夢窓疎石

写真1　夢窓疎石

は、作庭でも傑出した足跡を残す。各地を転々とする間も腰を落ち着けるのは優れた景勝地で、そこにいる間に作庭することが常であった。瑞泉寺、恵林寺、西芳寺、天龍寺（写真2）は現存する疎石作の庭園であり、特に西芳寺と天龍寺の庭園は、日本庭園の最高峰の名をほしいままにする名園である。なお、枯山水も禅宗の庭であるが、蘭渓道隆に発し夢窓疎石が発展させた周辺環境も含む境致の庭とは異なり、回遊しながら鑑賞することもないため、異なるスタイルの庭園として分けて記述する。

2 禅宗の庭の歴史的なデザイン

後述するように禅宗をルーツとして現代に伝わる物事は多岐にわたり、その数も少なくない。だが、庭園空間を構成するデザインとしては、龍門瀑を除くと目立つものは少ない

写真3 鹿苑寺（金閣寺）龍門瀑

（枯山水については後述）。本来3段であったと思われる龍門瀑（写真3）は、簡略化されて1段のものが多く、滝の下に滝を登ろうとする鯉を「鯉魚石」で表現しているのが一般的である。

龍門瀑は蘭渓道隆が中国から伝えたと言われる中国黄河中流域の3段の滝で、「この滝を登りきった鯉は龍になる」という伝説があ

写真2 天龍寺庭園
京都でも人気の高い嵯峨嵐山に位置する天龍寺庭園は、日本庭園の最高峰と言われる。
庭園に対する知識や経験値に比例してどこまでも魅力的に感じられる奥深い庭園である。

る。そこから難しい資格試験や新人賞などを登龍門と呼ぶようになった。5月になると日本各地で見られる鯉のぼりが、この龍門瀑を登る鯉をルーツとしていることもよく知られたところだろう。なお、禅宗の庭で見るべき庭園は、そのほとんどが夢窓疎石由来の庭園と重なるのだが、歴史的資料が乏しく、伝説の域を出ない「夢窓疎石作の庭園」も少なくない点には注意したい。

3 禅宗の庭に通じる現代空間のデザイン

　親水空間は公園や緑道などにおいても魅力的な場として、老若男女に好まれる空間の一つだろう。特に市街地の夏場は、大勢の子どもたちでにぎわう。このような親水空間に設置される石組みや滝のデザインには、禅宗をルーツとする龍門瀑が用いられていることが少なくない。

　写真4は江戸川区の平成庭園につくられた滝である。龍門瀑を意識してつくられ、滝壺には鯉魚石のかたちをした石が見て取れる。ここは「庭園」と名が付いているが、夏は多くの子どもたちが水遊びを楽しむ、まさに市民のための「公園」である。日本の伝統的な庭園空間を公園に用いるという発想は、とても魅力的である。

写真4　江戸川区平成庭園の龍門瀑（東京都）
滝壺の左側にある三角形のとがった石が鯉魚石である。

現代に伝わる禅宗由来のものや言葉

禅宗というと現代の私たちからは遠い存在のように思われる。だが、今も日常的に見るものや使われる言葉に、禅宗由来のものが少なくない。以下に紹介するのは、日本人なら誰もが知る禅宗由来のものや言葉である。

だるまさん

禅宗はインド生まれのダルマ（ボーディダルマ、伝説の人物で実在したかどうかは不明）が中国に伝え、中国で発展した仏教の一派である。日本のだるまさんは、ダルマが座禅を組んだ姿を表現したもので、古くから美術の題材にもなってきた。丸い体に赤い色を塗ったものは日本発祥で、江戸時代初期の17世紀終わりから江戸中期の18世紀中頃までに、群馬県高崎市などいくつかの地域でつくられたらしいのだが、発祥地論争はまだ決着がついていないようだ。

鯉のぼり

鯉のぼりと禅宗の関係は少し複雑である。江戸時代の中期、端午の節句には厄払いに菖蒲酒を飲む習慣があり、「菖蒲の節句」とも呼ばれた。「菖蒲」は「尚武」と同音のため、やがて男の子の武芸上達、立身出世を願う年中行事となった。ちょうどこの端午の節句の頃、武士の家庭では虫干しを兼ねて兜や鎧を奥座敷に、旗指物を軒先に飾る習慣があった。これらの習慣が重なったことで男の子の年中行事と同化していったと考えられる。その後、江戸時代の安定した社会情勢を背景に、富を蓄えた商人たちが武士の質素な旗指物に対抗して豪華な吹き流しをつくるようになる。さらに中国の龍門瀑の伝説から吹き流しに鯉の絵を描くようになったことが、のちの鯉のぼりの始まりとなった。

けんちん汁

蘭渓道隆の弟子が豆腐を床に落として困っていると、道隆が食べ物を無駄にしないようにと崩れた豆腐と野菜の皮やヘタでつくった料理がけんちん汁のルーツと言われる。日本独自かと思われた「もったいない」精神のルーツは、禅宗にあるのかもしれない。

がらんどう

僧侶が集まり修行する清浄な場所を伽藍というが、のちに寺院または寺院の主要建築群を意味するようになる。もともとサンスクリット語の音写。伽藍の中には伽藍神だけが祀られ、他には何もなかったことから、屋内に何もない状態を「がらんどう」と言うようになったということだ。同様の意味の「がらがら」も「がらんどう」からの派生。

ごたごた

夢窓疎石が師事した高峰顕日は、無学祖元ともう一人の渡来僧、兀庵普寧に師事した。兀庵普寧は先鋭的な思想の持ち主で、難解な講釈を行ったことから、「ごたごた」の語源（元の単語は「ごったんごったん」）になったと言われる。

1-4 書院造りの庭をルーツに持つ現代のデザイン

1 書院造りの庭のルーツと成立

　貴族の時代から武士の時代への変化は、平清盛や源頼朝らによって劇的に進んだように見えるが、それぞれの居所である寝殿造りから書院造りへの変化は漸進的に進んだ。源頼朝が鎌倉に築いた武家政権時代にはまだ書院造りの建築や庭は現れない。次の室町時代に入ってようやくその兆しが見えてくる。

　室町幕府を樹立した足利尊氏が住居の一つとした等持寺、三代将軍・足利義満の室町殿（いわゆる「花の御所」）などが建設され、徐々に時代を画する建築と庭園のかたちが見えてくる。義満の子の義教は室町殿を改修し、公的儀礼の場である寝殿、将軍の住む常御所（つねのごしょ）、社交接遇の場としての会所の三つの建築群に分け、それぞれに庭を持たせた。この形式は室町時代後期の守護や国人（在地領主）の居所の規範となり、各地に広まっていく。

2 書院造りの庭の歴史的なデザイン

　書院造りの最初期の例として知られるのは八代将軍・足利義政が造営した東山殿（のちの慈照寺、銀閣寺、**写真1**）である。書院造りの特徴としてあげられるのは、庭園よりも主に居室（東求堂）内部の設えで、床の間、床柱、床板、違い棚、天袋、地袋、床框（とこかまち）、付け

写真1　慈照寺東求堂（京都府）

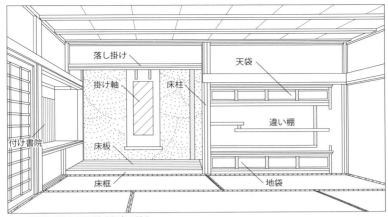

落し掛け

天袋

掛け軸　　床柱

違い棚

付け書院

床板

床框

地袋

図　書院造りから受け継ぐ和室の設え

書院などがある（図）。また、柱は角柱になり、畳が敷き詰められたことも大きな特徴である。これらはその後の日本家屋の室内のつくり方に引き継がれ、伝統的なデザインとして定着した。現代ではほとんど用いられることはないが、上段、中段、下段といった床面の高さを変えることによる階層化（社会的階級を象徴的に示す）も取り入れられ、上段には帳台構えなどによる装飾がなされた（写真2）。

初期の書院造りの庭園の特徴は、園地が寝殿から離れて奥向の施設に付属していくことである。寝殿造りでは南庭は儀式の場であったため、寝殿と園地は近接していなければならなかったのである。

写真2　二条城、一の間

書院造りでは儀式の場は室内に移り、室内から直接水と親しむ空間構成に変化した。これにともない護岸における洲浜の割合が減り、石組みの護岸が増えた。

書院造りに移行し、室内における空間構成の階層化を受けて、室内からの視点が固定化された。これを「座観式の庭園」とも言う。それまでの回遊空間から鑑賞の対象としての庭園に変化した。庭園の中の石組みは奈良時代以前からの伝統であるが、道教の神仙思想の影響による須弥山★1石組み、蓬莱★2石組み、鶴石（鶴山）、亀石（亀山）などが多用される。戦乱の世で明日をも知れぬ武士にとっては、不老長寿への願いがシンボル化したデザインと言えるだろう。蓬莱石組みも書院造り以前からあるが、直接蓬莱山に橋を架けたのは、武士の世の書院造りの庭からという説もある。

戦国時代の後期になって屋内空間の明確な階層化が進んだ背景には、豊臣秀吉の存在があると考えられる。秀吉は織田信長や徳川家康に比べて出自が低いことに大きなコンプレックスを抱いていた。全国の諸大名を束ねるにあたって、儀式の場における階級の差を視覚的に明確化する必要があったと言われる。なお、書院造りの庭の空間形態は、浄土式庭

園のような一定の空間パターンを持つもので
はなく、池庭もあれば枯山水もある。庭園様
式ではなく、時代区分や厳格に階層化された
建築空間との関係において用いられる分類呼
称と考えたほうがよい。

3 書院造りの庭に通じる 現代空間のデザイン

　書院造りのデザインで現代に継承されてい
るものは圧倒的に室内空間の設えが多い。現
代の集合住宅のような室内空間では実現が難
しいが、一戸建て住宅の和室においては、今
でも床の間の設置やその周辺の設えは書院造
りで取り入れられた空間構成に近いものがあ
る。一方、外部空間となると書院造りにつな
がるデザインを見つけることは難しい。そも
そも書院造りから始まる外部空間のデザイン
は少ない。書院造りの庭で多用される鶴石、
亀石は現代の公園、緑道などで見ることがあ
る。二つ対になって置かれている大きな石が
すべて鶴石、亀石かどうかの判断は難しいの
だが、その可能性は高い。

写真3　一対で置かれた緑道の大石
鶴石、亀石に見立てられている可能性はあるのだが、そ
の判断は難しい。

注釈

- ★1　須弥山は、インドの宇宙観においてその中心にある山であり、インド発祥の宗教である仏教、ヒンドゥー
教の宇宙観でも「宇宙の中心」と見なされている。道教は中国発祥の宗教であるのだが、仏教の受容と
共に須弥山も伝播したと考えられる。
- ★2　蓬莱島は古代中国で東の海にあると信じられた仙人の住むところ（仙境）で、不老不死の妙薬があると
された。コラム「神仙思想」参照。

神仙思想

神仙思想は、不老不死の仙人の実在を信じ、普通の人間でも修行を積んで仙術を身に付ければ仙人になれるという信仰である。仙人になるための妙薬を見つけることが中国の漢方医学が発達する基礎となり、またその鍛錬が気功や太極拳など、中国独自の健康法を発達させたとも言われる。さらに仙人の住まう蓬莱島は中国の東の海、渤海湾のはるか彼方にあるとされ、始皇帝はその蓬莱島を見つけるために徐福に命じて大船団を組み、遠征させた。中国から見て東の海の彼方には日本がある。結果、日本各地に徐福伝説が伝わるところとなった。日本に稲作が伝わった時期と、徐福の派遣時期が重なるため、日本への稲作伝来と関係付けて論じられることもある。もしそれが事実だとすると、始皇帝は日本の社会にも多大な影響を与えたことになるだろう。

銀色でないのに「銀閣」?

金閣は金箔が貼られて輝いているのに、銀閣（観音殿）には銀が貼られていないのはなぜか。これには諸説あり、

慈照寺（銀閣寺、京都府）
印象的な銀沙灘と向月台は江戸中期以降につくられたが、作者などは分かっていない。

「建造時の足利幕府が財政難で銀の使用が叶わなかったから」という説や、「銀を貼る予定であったのだが、その前に足利義政が他界してしまったから」という説もあり今のところ定説には至っていない。歴史的には、金閣に対して慈照寺観音殿が銀閣と呼ばれるようになったのは江戸時代のことであるから、もともと銀閣は物質としての銀とは関係がなかったというのが、真相ではないだろうか。とはいえ、向月台、銀沙灘の奥で銀色に輝く銀閣も見てみたいと思うのは、筆者だけではないだろう。

屋内空間の階層化は
豊臣秀吉の低身長が関係?

江戸時代以前の日本人の身長は、現代に比べてだいぶ低かったことが知られている。その中でも秀吉はかなり身長が低かったらしい。オランダ商館長のティチングは、秀吉の身長を50インチ（約127センチメートル）、と記している。これはあまりに低身長すぎると思われるのだが、その他の書物などから類推して140センチメートル前後であったと考えられている。信長170センチメートル、家康161センチメートルと比べてもかなり小柄だったらしい（篠田達明『日本史有名人の身体測定』KADOKAWA、2016より）。このことが屋内空間の階層化に影響したことも十分に考えられる。また、当時としては大男の部類に入る千利休（推定身長180センチメートル）に秀吉が切腹を申し付けたのも、低身長ゆえのコンプレックスが多少はあったのかもしれない。

1-5 枯山水の庭をルーツに持つ現代のデザイン

1 枯山水の庭のルーツと成立

　枯山水という語が初めて現れるのは、世界最古の作庭書『作庭記』（P.32コラム参照）の中の記述である。だが、ここで述べられる枯山水は、寝殿造りの庭園の中の一部をさしているもので、今日一般に理解されている枯山水とは異なる。枯山水とは、水を用いず、石組みを主体に自然風景を抽象的に表現する庭園様式で、禅宗の強い影響のもと、おおむね室町時代中期以降に成立している。

　枯山水成立のルーツには、次の三つのものが考えられる。一つ目のルーツは、『作庭記』で述べられているような局所的な石組みの伝統である。夢窓疎石作庭の天龍寺の龍門瀑は、本来は水を流した滝石組みであったが、現在の枯れ滝の石組みのみであっても十分に見事な構成を見せている。このような枯れ滝の石組みなどから派生したとする考えである。

　二つ目のルーツは、中国の山水画の影響である（写真1）。足利義満は明に朝貢する形式をとって勘合貿易を行うが、この貿易において書画や陶磁器が相当量輸入された。15世紀中頃の禅宗寺院の中にこれら山水画のイメージが持ち込まれ、表現されたことも想像される。

　三つ目のルーツは、中国にルーツのある「盆景」（写真2）である。当時の武士の社交の場では、茶道具などの名物を書院の床の間や違い棚に飾って客に見せることがもてなしの一つとなった。盆景もまたこのような名物同様、客へのもてなしの一つと捉えられ、部屋に接する屋外に展開されたと考えられている。

　枯山水は、手間もかからず、見るものの想像にまかせた多様な抽象的造形が可能であることから、寺院庭園などを中心に、現在に至るまで数多く築造され、日本庭園を代表する様式として世界的に知られるようになった。

2 枯山水の庭の歴史的なデザイン

　枯山水は言うまでもなく石組み主体の庭園様式であるが、そこに表現されているのは禅宗の仏教的宇宙観や道教の神仙思想などであり、前の時代から引き継ぐモチーフである。そういう意味で石組みのデザインそのものに新しさはない。どちらかと言えば「背景」のような位置付けであるかもしれないが、水の代わりに用いられている砂に描かれる砂紋は、枯山水から始まったデザインである。箒目とも呼ばれ、井桁紋、網代紋、青海波紋、渦巻紋、曲線紋等の種類がある。水の代わり

写真1　中国の山水画

写真2　盆景の例

写真3　龍安寺石庭（京都府）

とはいえ、その抽象的な表現は、雲や大海などを連想させ、時に池泉の水面よりも想像力を搔き立てる（写真3）。

3 枯山水の庭に通じる現代空間のデザイン

　大きさ、広さの大小を問わず、簡略化の幅も広いことから、何より現代のコンクリートや鉄、ガラスの空間によくマッチするということ

写真4　和食レストランの入口に置かれた枯山水風の坪庭

写真5　マンション入口の枯山水風意匠

も見逃せない。写真4は和食系のレストランのエントランスにつくられた枯山水である。このようなごく小さな枯山水は、商業ビルやマンションのエントランス付近のわずかな空間を埋めるように設置されることが多い。手間もかからず、わずかな空間で和風の空間を演出できることが、多用される理由だろう。

写真5はマンションのエントランス付近に設置されたものだが、現代アートのような様相を呈している。石組みと砂だけの構成であるが、このような現代的な表現も可能である

ことを示している。

写真6は喫茶店の店頭のわずかなオープンスペースにつくられた枯山水風の装飾的な空間である。写真5と同様、和洋を超えたコスモポリタン的な表情を持つところが面白い。

写真7は公共空間の緑地に置かれた石のオブジェである。これは大自然を抽象的に表現するという枯山水の意図に通じた現代アートと呼ぶべきだろうか。背後の西洋庭園風の空間ともよくマッチしている。

写真6　喫茶店の店頭の枯山水風意匠

写真7　まちの広場の枯山水風意匠

枯山水は森林伐採の影響？

京都盆地は水の豊かなことで知られている。だが、平安時代後期から京都の都市人口が増加し、建材としての木材や、燃料としての薪が周辺の森林から収奪されることによって、森林破壊が進行したと言われる。そのために「天然のダム」である森林の貯水能力が落ち、豊富な湧き水が枯れ始めたことが、枯山水の庭がつくられるようになった背景であるという説もある。客観的な資料の入手は難しいが、環境の変化が庭園空間のデザインの変化につながったとすると、興味深い事例と言えるだろう。

世界最古の作庭書『作庭記』

寝殿造り系庭園の作庭のために書かれたのが、世界最古の造園指南書と言われる『作庭記』である。実は『作庭記』という名称は江戸時代に付けられたもので、鎌倉時代には『前栽秘抄』と呼ばれていた。作者は藤原頼通（992-1074）の子の橘俊綱（1028-1094）とする説が有力である。

藤原頼通は、父道長から後一条天皇の摂政を譲られ、その後見を受ける。父の死後は、後朱雀天皇、後冷泉天皇の治世に50年にわたって関白を務め、藤原氏の全盛時代を築いた。その栄華の象徴が平等院鳳凰堂である。橘俊綱は、造園家としての目を養うには、これ以上ない環境で育ったと言えるだろう。

本当の一休さん

アニメで親しまれているトンチの一休さんは、可愛らしい坊主頭で品行方正、そしてとても利発な子どもに描かれている。この一休さんはドラえもんと同様、アジア諸国で大ヒットし「かしこい日本人」のイメージ形成にもおおいに貢献したのではないかと思われる。このトンチの一休さんは江戸時代の創作であるが、「本物の」一休さん、一休宗純はとてつもない怪人物であったらしい。

まず、出自が尋常ではない。父親は北朝の後小松天皇と言われている。5歳で出家し、20歳で心酔していた師匠の後を追って自殺を図るも未遂、その後24歳で「一休さん」になる。

26歳で悟りを開き、印可（「悟り」を証明するもの）を受けるが、それを拒み庶民の中へ。43歳で再び受けた印可を焼き捨て、堕落した僧界に失望して53歳で二度目の自殺未遂。73歳のときに応仁の乱が起こり避難生活を送った後、76歳で50歳年下の美貌・盲目の旅芸人と同棲生活を始める。天皇の勅命により80歳で大徳寺の住職となり、85歳で大徳寺の復興を果たす。87歳でマラリアに罹り病没した際の臨終の言葉は「死にとうない」だったと伝わる。死に際して弟子たちに「どうしても手に負えない困難にあったらこれを見なさい」と手渡した手紙を、後年、弟子たちが本当に困って開けてみると、そこにあった言葉は「大丈夫、心配するな、何とかなる」だった。

やや創作めいた部分も少なくないのだが、一休さんの居所が一種の文化サロンのようになり、そこから茶道、華道、能といったその後の日本文化を代表するような文化・芸能の芽が育っていったとも言われている。

1-6 露地をルーツに持つ 現代のデザイン─① 草庵の茶

1 露地のルーツと草庵の茶の成立

茶の湯の文化は、日本特有の「わび、さび」という美意識を生み出した。その成立過程で形成された茶室とその茶室に続く外部空間の構成も、後世の建築や庭園に多大な影響を残すことになった。私たちの身の回りにも茶の湯由来のデザインは数多く存在する。ここでは茶の湯の成立や空間構成について、見ていこう。

・茶の湯の始まり

平安時代初期の805（延暦24）年、最澄（写真1）が唐より茶の種子を持ち帰ったのが日本の茶の始まりとされる。だが、最近の研究では、奈良時代にはすでに伝来していたらしい。鎌倉時代に禅宗の寺院で行われていた喫茶は、南北朝時代には「闘茶」と呼ばれる茶の産地を当てる遊びとして武家の間で流行する。その後、東山殿を造営した八代将軍足利義政の時代になって、洗練された茶事が行われるようになる。武家を中心とする茶事はその居所である書院造りの建物で行われた。

一方、この「書院の茶」とは一線を画し、「草庵の茶」が都市部の町家で発達した。草庵の茶の祖とされるのは村田珠光（1423-1502）である。珠光自身禅僧であり、臨済宗大徳寺派の一休宗純（1394-1481）のもとに参禅していた。珠光が禅を茶の湯の思想的背景としたのには、この一休宗純の影響があったと考えられる。

・草庵の茶の始まり

珠光が考案した四畳半の茶室は、戦乱の中で財力を蓄えた町衆の間で広がり、新たな社交の場となっていく。珠光のあとを継いだのが娘婿（実子という説もあり）の宗珠で、「山居の体」「市中の隠」と称される山里の趣を都市に持ち込んだ。珠光が開いた草庵の茶を整理し、「市中の山居」を確立したのは宗珠であるとされる。侘茶の創始期にあってその元祖と言えるのが宗珠である。なお、大徳寺より宗号[★1]を賜り、以降、宗匠（そうじょう）（師匠と同義）より指南を許されると「宗」の字を上に付けることが慣習化した。

宗珠らから草庵の茶を引き継ぎ発展させたのが武野紹鷗（たけの じょうおう）（1502-1555）である。紹鷗の茶座敷の記録が『山上宗二記』に残されている。それによれば、茶座敷は四畳半で前面（北面）にスノコ縁を設け、その前を「面坪ノ（おもてつぼノ）

写真1 最澄

写真2 千利休

内」とした。茶座敷の側面には町家の通り庭から発達した南北に長い「脇坪ノ内」があり、南北端には出入口が設けられた。客は脇坪ノ内の入口から入り、脇坪ノ内を通って面坪ノ内のスノコ縁から茶室に入ったものと思われる。つまり、この時点で露地の原型はでき上がっていたと考えられる。

侘茶の大成者、千利休（写真2）は、初めは北向道陳について茶を学び、次いで武野紹鷗に師事して草庵の茶を受け継いだ。その後、織田信長に今井宗久、津田宗及と共に茶頭として取り立てられ、次いで秀吉にも茶頭として仕えた。

利休が直接関与したとされる茶室が、現存する日本最古の茶室と言われる待庵である。待庵は珠光以来の四畳半敷の茶室に比べてさらに狭く、わずか二畳敷の広さしかない。建物は土壁で囲われ、入口は小さな躙口で、床の間も土壁で塗り込めた洞床である。採光は壁に穴を開けて明かり障子で取り入れている。千利休が追求した究極の侘茶の世界観が結晶していると言えるだろう。

・露地の空間

庭園空間としての露地（「路地」と表記する場合もある）は、入口脇の待合から始まり、延段、飛石、蹲踞、石灯籠、手水鉢、塵穴、雪隠などで構成されている（図）。宗珠の山里の趣を受け継ぎ、さらに茶事のために必要な設備を備えた外部空間として完成させたのが利休であった。飛石の布石について、利休は「わたりを六分、景気を四分」としたと伝わる。「わたり」は歩きやすさ、「景気」は見た目の美しさをさす。露地の美しさに心を配りながらも、茶室への道という機能を優先したところに利休の禁欲的美意識が表れており、この点において利休に続く武人の「きれいさび」とは一線を画している。

露地の構成

図　露地空間の構成

2 草庵の茶の露地の歴史的なデザイン

　一般的な露地の空間構成を写真3 ～ 10に示す。

　日本庭園全体の中でも、露地はデザイン的な要素が豊富である。飛石、延段、手水鉢など、個々の構成要素自体にも多くのヴァリエーションがある。ここでは典型的と思われる構成物をあげて、そのかたちを確認していく。

写真3　露地口
露地口とは露地への入口であるが、露地と外の世界（世間）を明確に分ける結界のようなはたらきがある。

写真4　外腰掛け
外露地に置かれた腰掛け（休息所）をさす。茶事が始まる前、亭主の迎えがあるまで待つ場所として設置される。

写真5　飛石
露地の園路に置かれた上面が平らな石で、この石を伝っていくことで茶室に導かれる。

写真6　延段
直線的な切石のみを用いたもの、切石と自然石を併用したもの、自然石のみのものの三つの様式がある。

写真7　中門
外露地と内露地の間に置かれる第二の門。内露地はより幽玄な空間に設えられ、その空間へ至る趣を盛り上げる。

写真8　手水鉢を中心とした蹲踞
蹲踞は手を清めるために置かれた手水鉢と、その手前および左右に置かれた役石で構成される。

写真9　雪隠
露地に設けられた便所をさす。外露地には下腹（したばら）
雪隠、内露地には砂雪隠が置かれる。

写真10　塵穴
塵を捨てるための穴をさす。流派によって仕様が異なるが、
外露地は方形、内露地は円形につくられる。

3 草庵の茶の露地に通じる 現代空間のデザイン

　書院造りの室内空間が、その後、日本家屋のインテリア・デザインのもととなったように、露地の空間は、日本家屋の屋外空間（エクステリア・デザイン）の原型となったと言われる。露地口から入り、躙口を通って茶室に入るまでの空間に懐かしさのようなものを感じる日本人は少なくないのではないだろうか。

　この利休の完成した露地空間は、洗練された美意識の表出であると同時に非常に機能的でもある。待合、雪隠、飛石、延段、手水鉢、刀掛け、躙口とすべてが無駄なく、明確な意味を持ち、それを実現するための機能を担っている。見方によっては、高度な機能主義的デザインにも通じていると言えるだろう。それゆえに、現代の私たちが求める機能のかたちとは

乖離している点があることも事実であろう。

　雪隠や手水鉢が現代の水洗トイレや水道付きの手洗い場に変化したことを思えば容易に想像がつく通り、先に述べた露地空間を構成するものの多くは、現代では別の形態へと置き換えられている。とはいえ、飛石、延段は現代の空間でも多用されるデザインである。個人宅の庭のみならず公園などの公共空間でも非常に多く見ることができ、日本らしい空間の演出に一役買っている。以下はその事例である。

　写真11は個人宅の庭先に置かれたもので、このような例はごく一般的に見られるものである。和風の庭でも洋風の庭でも関係なく見られる。この画像の例のように自然石を用いた比較的高価なものから、コンクリート板を用いた安価なものまで、幅広く存在する。

写真11　個人宅の飛石

写真12　公園の飛石

写真12は公園の一角に置かれたものである。背後にある荒々しい石組みと手前の現代的でシャープなデザインの舗装路の間にあって、両者の対照的なデザインを馴染ませるような効果も見られる。このようなクランク状の舗装路では、最短距離で結んだ動線上にけもの道ができてしまうものだが、それをカムフラージュする機能的な配置でもある。やや地味だが優れたデザイン的配慮と言える。

写真13は公園のエントランスに設けられた門で、露地口のようなデザインでつくられている。耐久性の点で使用が避けられがちではあるが、金属製の機能優先のゲートにはない、周辺環境と馴染んだデザインが好ましい。

写真14は公園の片隅に置かれた水飲み場である。このスタイルの水飲み場は、普遍的に数多く見ることができる。見過ごしてしまいそうなデザインではあるが、しっかり日本の

写真15　蹲踞風の水場

写真16　内腰掛け風ベンチと手水鉢

写真13　露地口風の公園入口

写真14　手水鉢と蹲踞風の水飲み場

写真17　フレンチ・レストランの露地風空間

伝統的なデザイン（手水鉢と蹲踞のデザイン）が用いられている。

写真15も公園の一画の水場で、見れば見るほど凝ったつくりであることが分かる。水の出処は滝組のような石組みになっており、そこから水の流れが導かれている。このような遊び心のあるデザインには批判もあるかもしれないが、伝統的なデザインをベースにしたものは評価されてよい。

写真16は庭園的に整備された公園の一角にあるベンチ（写真左上）で、内腰掛けのよ

うなデザインが採用されている。手前にある手水鉢とともに、日本の風土を反映したシンプルながら美しい設えである。自然の素材感にあふれた空間をつくっている。

最後の写真17はフレンチ・レストランのエントランスにつくられた露地的な空間である。露地の空間というとやや古臭いイメージがあるかもしれないが、このような洒落た洋風のものとの相性の良さに驚かされる。「和のデザイン」の可能性はまだまだ探求されるべき奥深さを持っている。

注釈
★1　宗号とは、もとは宗門（宗派、宗旨）の名称である。現在は茶人としての名「茶名」と同義で用いられる。

---

column

茶室の一期一会と西欧のメメント・モリ

戦乱続きで平均寿命も50年程度であった戦国時代、死は今よりもずっと身近にあった。西欧も中世の状況は同じであり、王族たちの霊廟などに行くと「メメント・モリ（死を忘れるな）」を表現した彫刻や墓標によく出会う。「メメント・モリ」の事情を知らないと、生々しいグロテスクな彫刻にしか見えないのだが。

利休の完成させた至高の茶室、待庵は一期一会のための究極的なかたちであると言われる。わずか二畳の空間は、相手の息遣いから心の動きさえ伝わるほどの極小空間であろう。とはいえ、茶室が一期一会の空間と言われても、感覚的にすんなり受け入れられる現代人は少ないのではないか。他方、死が身近な時代であったことを思い起こすと、西洋のメメント・モリに非常に近い感覚で、当時の日本人、特に戦場に向かう武士には、リア

ルに一期一会が感じられたのではないだろうか。

茶道とメメント・モリの関係について考えると、千利休も古田織部も切腹で果てたことがどうしても頭に引っかかる。常人よりはるかに旺盛な物欲を持った二人が、なぜ自分の生命には強くこだわらなかったのか、なかなか腑に落ちる解説には出会わない。

利休は、ひと言秀吉に詫びを入れれば許される状況だったにもかかわらず、頑なに死を選択したように伝わる。織部は、大坂夏の陣での豊臣家への内通について、はっきりした証拠らしい証拠もなく切腹を命じられたにもかかわらず、申し開きすることもなくそれを受け入れたと言われる。師匠と弟子で、作風は全く異なる二人であるのだが、両人ともメメント・モリの完遂をもって茶道の完成としたのではないかと思われてくる。

1 露地のルーツと武家の茶の成立

・古田織部

　利休が豊臣秀吉に自刃を言い渡されてこの世を去った後、秀吉の茶頭となったのは大名茶人の古田織部（1543-1615）である（写真1）。利休の高弟であった織部は、師匠とは異なり、伝統にとらわれないデザインを好んだ。歪みが大きく、色彩や柄も斬新な織部茶碗で知られるが、露地空間においても禁欲的な利休の庭とは異なる趣向を凝らしている。

　まず内露地と外露地からなる二重露地は織部の考案であるとされる。その二重露地も内露地には松葉を敷き詰め、外露地には海石を敷き詰めるなど、織部ならではの趣向が見られる。さらに植栽においては花木や果樹、南国のシュロやソテツなども許容している。飛石についても、利休の「わたりを六分、景気を四分」に対して「わたりを四分、景気を六部」とし、造形美のほうに重きを置いた。織部の傾向を最もよく示すと言われる京都藪内家の燕庵では、「利休三小袖」と称される踏分石（飛石の分岐点に添える石）や、独特なデザインの石灯籠、延段などが見られる。利休が華やかさや人為的な造形を忌避し、山里の風

景を良しとしたのに対して、織部はより積極的に総合的な造形芸術としての露地空間を創造したと言える。

　織部は江戸時代に入っても茶人として活躍するが、徳川側から大坂夏の陣を前に豊臣方と内通しているとの疑いをかけられ、抵抗することなく切腹している（P39コラム参照）。

・小堀遠州

　織部の後、将軍家の茶道指南となったのが、織部第一の弟子と称された小堀遠州（1579-1647）である。終生織部を茶の師匠と仰いだ遠州は、織部の自由奔放とも言えるデザインを巧妙に整え、「きれいさび」と言われる洗練された空間の設えを演出した。露地の植栽においても、モクセイやモッコクなど季節感を香りで演出するなど、織部の植物の使い方をさらに発展させている。

　小堀遠州の代表的な露地は、孤篷庵の忘筌である。孤篷庵は小堀遠州が施主となって創建した塔頭であるが、1793（寛政5）年に焼失したのち、松江藩主・松平治郷（不昧公）らにより忠実に再現されたと言われる。この茶室は八畳に一間床（床の間）と亭主が座る点前座一畳、相伴席三畳で構成されている。開口部が広く、上部を障子、下部を吹放ちとするデザインは斬新で、視覚的に室内外を一体化させている。書院様式の茶室でありながら、自然の中に身を置くという利休の草庵の茶の精神も取り入れられており、織部の造形主体の空間とは異なる遠州ならではの思想が反映されている。

　なお、遠州は茶人としても有名だが、それ以上に作庭家として名高い。皇室関連の仙洞御所、幕府関連の二条城二の丸庭園、南禅寺金地院など、遠州作と伝わる庭園は数多く存在する。ただし、夢窓疎石同様、歴史的資料

写真1　古田織部

写真2　遺芳庵（京都府）
京都高台寺の小堀遠州の庭園に隣接する遺芳庵は、江戸時代の初期に灰屋紹益によって造営されたと伝わる一畳台目向切の小さな茶室である。紹益は井原西鶴の『好色一代男』のモデルと言われる人物であり、島原遊郭で当代一の美女と謳われた吉野太夫との純愛物語でも知られる。現在では後代の人が紹益と吉野太夫を偲んで建てたものと考えられ、この地に移設されたのは昭和に入ってからである。吉野窓と呼ばれる大きな丸窓と複雑な屋根の形状を特徴とする茶室は、小堀遠州のきれいさびにも通じ、現代の建築家やデザイナーからの人気も高い。

が乏しく言い伝えでのみ遠州作とされる庭園が多い。

2 武家の茶の露地の歴史的なデザイン

　武家の茶の露地空間は延段の形状や植栽の種類などに利休の時代とは異なる要素が加わるものの、全く新しい要素が付け加えられるということはなかったと言ってよいだろう。その一方で、自由で洒落たデザインを持ち込んだことの意義は小さくない。利休の生み出した侘茶は洗練の極みにあったと考えられるが、織部や遠州がもたらした空間にこそ、その後の日本人的な創造性の発露が見出されるように思われるのである（写真2）。

3 武家の茶の露地に通じる現代空間のデザイン

　織部が創作した織部焼の陶器や自邸のデザインなどを見ると、既成概念を覆そうというダダイズム的な志向やポップアートのような革新さにあふれている。1910年代にスイスのチューリッヒで芽生えたダダに先駆けること約300年、西暦1600年前後の世界で、このような芸術の既成概念を意図的に変革する芸術活動は、他に類を見ないのではないだろうか。織部が生み出したデザインは、純粋芸術に近い陶芸から応用芸術たる建築にまで及んでいた。茶の空間が、茶道具などのインダストリアル・デザイン、掛け軸などのグラフィック・デザイン、茶室の建築デザイン、露地のランドスケープ・デザインを総合したもの

であったことが、織部の時代を超越した革新性を産んだとも言える。もちろん利休という正統派デザインの巨人が師であり、その師を超えようと模索したことが、織部の創作をおおいに促したことは言うまでもない。

一方、その織部を生涯の師と仰いだ遠州は、造園家としては織部よりもはるかに大きな存在となる。緻密で周到な遠州のデザインを見ると、織部を師としたことにやや違和感を覚えるほどである。「きれいさび」と言われる新たなデザイン感覚は、精神性を極限まで突き詰めてたどり着ける利休の境地よりも、はるかに分かりやすく、受け入れやすい。修行の末に習得できる芸術的感覚から、型を学べば誰でも実践（応用）可能なグッド・デザインを示したのが、遠州の「きれいさび」なのではないだろうか。

---

column

織部の芸術は危険！？

戦国時代の終わり、大坂の夏の陣の最中に織部の重臣、木村宗喜が豊臣方と内通しているとの嫌疑がかけられ、それに連座して織部も捕らえられる。はっきりした証拠もなく切腹を言い渡された織部だったが、一切申し開きすることもなくその沙汰を受け入れる。享年72歳（73歳説もあり）。また、織部と同日、次男以下の息子たちも伏見城下で切腹を命じられ、嫡男は半年後に江戸で斬首された。家康は古田家を根絶やしにしたばかりではなく、織部の茶器などもすべて破壊し土中に埋めてしまう。

一説には、織部の師匠、利休と同様に茶の湯を通じて多くの大名に影響力を持ったことを家康が恐れたからだと言われている。だが、家を断絶させ、茶器その他、すべてを消し去ろうというのは、やり過ぎのようにも思われる。

近年、道路工事等で織部焼の焼き物が大量に出土して話題になったこともあり、あらためてその作風に光が当たっている。世界のアートは、ダ・ヴィンチ以前は、まさに美の追求、ダ・ヴィンチ以後は、新たな知覚領域の追求に踏み出した、と言われる。利休のアートがダ・ヴィンチ以前だとすると、織部は明らかにダ・ヴィンチ以後である。太平の世を築こうとした家康にとって、その自由で革新的気風は、恐ろしく危険なものに見えたのかもしれない。

織部焼の茶碗

1-8 大名庭園をルーツに持つ 現代のデザイン

1 大名庭園の成立

　大名庭園の多くは比較的広い面積を有する池泉回遊式の庭園である。池を中心とした庭園は浄土式庭園や寝殿造りの庭園にも見られるが、大名庭園では築山や石組みを築き、茶亭、東屋などの建物を随所に配し、露地や枯山水などそれ以前の多様な庭園文化の要素を空間に取り入れている。このような池泉回遊式庭園は、政治・文化の中心となった江戸を中心に発展したが、それ以前に後陽成天皇の弟で、かつては豊臣秀吉の養子でもあった八条宮智仁親王（1579-1629）により、日本庭園の最高峰と称される桂離宮★1が京都で造営されている。さらに、智仁親王の嫡男である智忠親王による桂離宮の第二期造営に続き、後水尾上皇（1596-1680）による修学院離宮が造営される（1656年造営開始、1659年完成）。17世紀前半は「寛永サロン」と呼ばれ、後水尾上皇を中心に公家や僧侶の文化交流が盛んな時期であった。武士による大名庭園の造営に先立ち、貴族による洗練された回遊式庭園の存在があったことは重要な意味を持つ。

　徳川家康の江戸の都市建設は1590（天正18）年から始まった。その後、1600（慶長5）年に関ヶ原の戦いに勝利し、1603（慶長8）年に江戸幕府を開く。1635（寛永12）年の「武家諸法度」で制度化された参勤交代により、大名は江戸にも屋敷を置くことが義務となる。大名の屋敷は書院造り系庭園の伝統の延長線上にある。将軍家に対する接待や大名間の交流に用いられ、政治的な場としての意味合いも重要となった。

　江戸の市街地の6割を焼き尽くしたという1657（明暦3）年の大火の後、幕府が危険分散のために上屋敷、下屋敷など、各大名に複数の屋敷地を与えたことにより、江戸の大名庭園は屋敷の数に比例して急増する。現在残されているものは少ないが、元のかたちをよく残しているものとしては、水戸徳川家の後楽園、大和郡山藩柳沢家の六義園、小田原藩大久保家の楽寿園（現在の旧芝離宮恩賜庭園）、甲府藩浜屋敷から将軍家別邸となった浜御殿（現在の浜離宮恩賜庭園）などがある。これらはいずれも17世紀後半から18世紀の初めにかけて造営されたものである。さらに、大名の領国の城下町でも数多くの大名庭園が造営され、現在に伝わるものも少なくない。

写真1　潮入の庭、浜離宮恩賜庭園（東京都）

2 大名庭園の歴史的なデザイン

大名庭園を構成するデザイン的な要素は、それ以前の時代の庭園文化から引き継いだものが多い。茶の湯の空間である露地はそのまま取り込まれ、「庭園の中の小庭園」のようにも捉えられる。周囲の庭園空間との境界が鮮明な場合には、後述するイタリア庭園のジャルディーノ・セグレトにも似た感覚がある。また、須弥山や蓬莱山といった道教由来の石組みや、龍門瀑などの水の使い方も前の時代から引き継いでいる。それまでの歴史的な庭園様式を集大成したものが、大名庭園とも言えるだろう。

一方、江戸時代以降に現れたデザインも少なくない。その一つは、臨海都市・江戸の立地を活かしてつくられた潮入の庭（潮入庭）である。最も代表的なものは浜離宮恩賜庭園と旧芝離宮恩賜庭園である（写真1、2）。東京湾では満潮時と干潮時の潮位の差は1日で約2メートルにもなる。この差を利用して園内の水位をコントロールすることにより、景観を劇的に変化させることができる。季節の変化のみならず、1日のうちの時間の変化もランドスケープ・デザインに組み込むというアイデアが際立っている。

西湖堤や廬山といった中国の景勝地を縮景の手法を用いて取り入れたことも江戸時代の大名庭園からであろう（写真3）。それ以前の須弥山や蓬莱山は空想上の景観であったが、中国に実在する景勝地を庭園の中に再現している。もっとも象徴的な表現である「見立て」によるものであり、現実の風景を倣彿とさせるようなものではない。江戸幕府が安定期に入る頃、漢民族の明朝が北方の満州族に滅ぼされ、多くの文人が中国から亡命してきたと

写真2　浜離宮恩賜庭園の鴨場（東京都）

写真3　小石川後楽園の西湖堤（東京都）

写真4　小石川後楽園の円月橋（東京都）

写真5　旧徳島城表御殿庭園の陰陽石（徳島県）

言われる。彼らは石造アーチ橋（写真4）など
それまでの日本にはなかった技術を伝えると
ともに、ランドスケープ・デザインの面でも
中国的なイメージを庭園の中に持ち込んだ。

　上記の他、弓場、馬場、鴨場など武芸と関
連する設備を備えていることも多い。平和な
時代にあっては、実践的な技術よりも一種の
遊戯として行われたものだろう。また、世継
ぎの誕生が家の存続を左右した大名家では、
子孫繁栄を願い陰陽石を置くことも多かった
（写真5）。これも江戸時代からの新たな庭園
の要素だろう。

3 大名庭園に通じる現代のデザイン

　江戸時代の大名庭園にルーツを持つと考え
られる現代のデザインは少なくない。特に海
や河口の近くでつくられる潮入の庭のデザイ

ンと、富士山などの山をモチーフとした築山
のデザインが普遍的に見られる。写真6、7は
隅田川沿いにつくられた遊歩道（隅田川テラ
ス）の一部である。前者は満潮時になると水
が遊歩道上にあふれ、水鏡のような景色をつ
くる。うまく高低差をつくりつつ、バリアフリ
ーにも対応した優れたランドスケープ・デザ
インの例である。後者は格子状の溝に沿って
水が上ってくるようにデザインされている。遊
び心とセンスの良さが感じられるデザインで
ある。

　築山のデザインは子どもの遊具から現代彫
刻風のものまで、様々なタイプを見ることが
できる。写真8は子どもたちの遊具として公
園などに設けられる富士山形の築山である。
このタイプは日本全国で見られる。ただし、
大名庭園の築山がルーツというよりも、富士
山そのものがモチーフになっていると考えた

写真6　潮入の庭の仕組みを取り入れた遊歩道

写真7　潮入の庭の仕組みを取り入れた遊歩道

写真8　富士山形の築山（東京都）

写真9　大師公園（神奈川県）

ほうがよいかもしれない。

　中国をルーツとしたデザインも少なくない（写真9）。これらは現代の中国から交流事業などを通じて直接伝えられたものと捉えるほうが自然であろう。だが、そのランドスケープ・デザインに用いられている縮景の技法は、まさに江戸時代の大名庭園で行われていた手法そのものである。その意味で大名庭園において日本的手法が加えられた中国のデザインをルーツにしていると捉えることも可能であろう。

注釈

★1　桂離宮は大きく二度の造営期間を経て現在のかたちに至っている。1615（元和元）年頃、八条宮智仁親王により初期のかたちが形成され、1624（寛永元）年頃に初期の形態が完成した。1629（寛永6）年に智仁親王が亡くなったあと一時荒れたが、嫡子の智忠親王（1619-1662）により1641（寛永18）年から第二期造営が開始され、1649（慶安2）年頃完成した。

★2　「三名園」の記載は、1904（明治37）年に外国人向けに発行された写真集であるとする資料もあるのだが、1891（明治24）年説が有力である。

★3　誰が関与したかは諸説あるが、明確な証拠は存在しない。

日本に亡命した朱舜水（1600-1682）

　270年以上続いた明の時代は、李自成が首謀した大規模な農民反乱によって1644年に滅ぶ。一時皇帝を称した李自成だったが、時を移さず満州民族の清に駆逐され、華南に逃れた明朝遺臣たちは明朝再興の抵抗運動（復明運動）を続けた。このとき朱舜水は、鄭成功によって日本へ救援を求める使節の一員として派遣されている。復明運動は1659年の南京攻略戦の敗退によって頓挫し、朱舜水は筑後柳川藩の儒者・安東省菴を通じて長崎に亡命する。その後、水戸光圀の招聘に応じて江戸に落ち着く。朱舜水は実学に秀で、『大日本史』を編纂していた水戸藩の学者らにも思想的な影響を与えた。小石川後楽園内に残る石造アーチ橋の円月橋は朱舜水の設計と言われる。その他、園内の中国的なランドスケープも彼のデザインによるところが大きいだろう。東京大学農学部構内には「朱舜水終焉の地」を示す碑がある。

日本三名園の成立と栗林公園

　金沢市の兼六園、岡山市の後楽園、水戸市の偕楽園を「日本三名園」と呼ぶ。特に京都と東京には数多くの名園があるが、なぜこの三園が「日本三名園」と呼ばれるのか、その経緯は明らかではない。ただ、その時代的状況からおおよその状況は推察される。

　まず、この三園が「日本三名園」ではなく、「日本三公園」として記録に残るのは、1891（明治24）年に岡山の後楽園を訪れた正岡子規のメモなどが最古とされる[★2]。明治20年代前半にはこの「三公園」の認識は世間に広がっていたようだ。当時の資料によると、ニューヨークのセントラルパークやロンドンのセント・ジェームズ公園などに対比して、「わが国の誇るべき都市公園」とされていたということである。いかにも性急に欧米先進国に追いつこうとしていた明治政府内の雰囲気が伝わってくる。鹿鳴館時代と言われた明治10年代を経て、1887（明治20）年には不平等条約改正に失敗した外務大臣の井上馨が辞職したことで、鹿鳴館外交が終焉する。そのような時代を背景として、西洋のものまねではない日本の誇るべき文化として、庭園文化に白羽の矢が立ったのではないだろうか。

　三園の選定基準としては、先に「誇るべき都市公園」とした手前、狭い石庭のような庭園であっては適合せず、開放的で大規模なものでなければならなかっただろう。また、当時の政治家が薩長中心という地方出身者だったこともあり、地方にも文明開化の光を当てようとの機運が強かったことから、東京や京都は除外されたものと考えられる。それらの下地の上に、あとは個々の政治力の差で三園が上意下達式に決定したことがうかがえる[★3]。

　何らかの明確な基準を持って選定したわけではないため、当然ながら「三公

栗林公園（香川県）

園」に漏れたところからは不満が出ても当然だろう。中でも栗林公園は、三園に漏れた代表のように取り上げられることが多い。だが、「三名園」が認知された頃の栗林公園は荒廃が進み、1903（明治36）年の皇太子の来園を機に整備が進んだと伝えられる。その後の教科書（文部省『高等小学読本』1910）では「三名園より優れている」との記載で持ち上げられているのだが、荒廃していた時期と三名園選定のタイミングが重なったことが不運だったということだろう。

清朝に抵抗した稀代の英雄
鄭成功（1624-1662）とジャポニズム

　中国人の父と日本人の母を持ち、肥前国平戸で生まれる。満州族が清朝を打ち立てた後、漢民族の明朝を復興するための復明運動に身を捧げる。各地を転戦しながら清と戦うが、南京で大敗し、大陸での抵抗運動は頓挫する。その後、勢力を立て直すためにオランダ東インド会社が支配していた台湾を奪取し、1662年に鄭氏政権を樹立するも同年に熱病で死去

する。台湾では孫文、蒋介石と並ぶ「三人の国神」とされる。劇的な生涯は、数多くの小説や映画になっており、2001（平成13）年には日中国交正常化30周年を記念した日中合作の超大作映画『国姓爺合戦』も制作されている。

　鄭成功の抵抗運動を怖れた清朝は、現在の広東省から山東省までの海岸線を封鎖した。海から約15キロメートルを無人化するという徹底した方策であったため、中国からヨーロッパへの陶磁器の輸出が難しくなった。

　オランダ商館長ツァハリアス・ヴァグナーは中国陶磁器を見本として制作するよう日本に依頼し、その結果、日本の伊万里焼の輸出が開始されることになった。その後、中国からの輸出が解禁された後も、日本からの陶磁器の輸出は継続された。時代は下り、日本の陶磁器の包み紙に使用されていた浮世絵がフランスの画家の目にとまり、その後のジャポニズム隆盛の導火線となった。鄭成功は間接的に世界のデザイン史にも関わっていたのである。

第2章
西洋庭園のデザインをルーツとする
現代のデザイン

ヴェルサイユ宮殿、庭園の夕景（フランス）

2-1 ギリシャ・ローマ時代のデザインを ルーツに持つ現代のデザイン

オーダーとは古代のギリシャ・ローマ建築に遡る柱と梁の定式化された装飾をさす。このオーダーのデザインは、日本の都市ランドスケープに様々なレベルで入り込んでおり、「身近なデザインを読む」ことを目的とする本書でも見逃せない景観要素となっている。広い意味で「西洋の伝統的デザイン」の範ちゅうと捉え、その概要をおさえるとともに、どのように入り込んでいるか確認したい。

1 オーダー（礎盤、柱身、柱頭からなる独立円柱と水平梁）の成立

代表的なオーダーにはドーリア式、イオニア式、コリント式の3種類がある（図）。建築学科の学生であれば建築史の最初に学習する形態であろう。ドーリア式、コリント式は古代ギリシャが起源とされ、イオニア式は小アジアなど東方起源とされている。これらのオーダーの他に、トスカナ式と呼ばれるエトルリア起源の古いオーダーがある。だが、ドーリア式と柱の直径と高さの比例が異なるのみであるため、ほとんど区別がつかない。また、コリント式の上にイオニア式の渦巻きパターンを載せるなど、混合したデザインも見られ「コンポジット式」と呼ばれる。

2 現代の空間に見るギリシャ・ローマ時代の歴史的なデザイン

当然ながら日本にはオリジナルの古代ギリシャ・ローマのオーダーを用いた建造物は存在しない。他方、ヨーロッパには古代ギリシャ・ローマの遺跡と共存している都市が少なくない。日本人にとって「身近なデザインの例」とは言えないが、二つの例を紹介する。

ギリシャ文明にその起源を遡る都市は、アテネを中心に地中海のある程度限定されたエリアにとどまり、「古代遺跡」として観光の対象とはなるものの、日常的に使用されている建造物はほとんどない。他方、「土木マニア」とでも言うべきローマ人の植民都市は、東ヨーロッパ、北アフリカ、イギリスにまで広がっており、その建造物は現代の基準から見てもきわめて頑丈なつくりのため、今でも使用されているものが少なくない。

写真1は有名なローマのパンテオンである。紀元118～128年に建造された神殿で、現在でも宗教施設として使用されている。写真2は、ローマ皇帝ディオクレティアヌス（在位284-305）が、隠遁の場として建設したクロアチア、スプリトのまちである。こちらは遺

図　左からドーリア式、イオニア式、コリント式、コンポジット式のオーダー

写真1　パンテオン神殿のオーダー（ローマ）
現在でも世界最大級の石造建築とされる。深さ4.5メートルのローマン・コンクリートの基礎の上に建てられ、後方のドームの壁の厚さは6メートルもある。

跡そのものがツーリスト・インフォメーションやレストランなど、現代の都市施設の用途として用いられている。スクラップ・アンド・ビルドが激しい日本では考えられないようなランドスケープであるが、多様な時代の様式が共存する都市は、歴史が可視化され、人々の都市への意識付けがより強固になる。

ヨーロッパにおけるオーダーの伝統は西ローマ帝国の滅亡とともに失われたが、ルネッサンス期に再発見され、その後、建築美の理想として権威化された。新大陸を含む世界中に輸出されたこの建築様式は、国家的な公共建築や銀行建築などに多用されることとなる。

日本では、明治初期の文明開化期以降、近代化を推し進める過程で東京、大阪ほか、地方中核都市の近代建築に採用された。ヨーロッパから招かれたいわゆる「お雇い外国人」によってもたらされたオーダーは、彼らの薫陶を受けた日本人建築家たちによって徐々に完成度を高め、各地の近代建築に結実していく（写真3の日本銀行旧小樽支店など）。その一方で、初期には「疑似洋風」と呼ばれるような大工の棟梁が見よう見まねでつくり出したオーダーも見られ、独特な和洋折衷様式として今日まで伝えられている（写真4）。

3 オーダーのデザインに通じる現代空間のデザイン

現代日本の都市空間においてオーダーのデザインは頻繁に用いられている。ただし、これらオーダーのデザインを見る際には、一つ注意すべき点がある。それは、明治、大正期に日本の主要都市で建設された石造近代建築のように、きわめて真面目にそのデザインに取り組んだうえで採用されたデザインと、プラスチックや薄い鋼板などで形成された、かたちだけのものが存在することである。後者は後述するポストモダンやキッチュなどのデザ

写真2　スプリト中心部（クロアチア）
ローマ時代に建造された建築群が、現代的な都市施設として用いられている。文化圏の周縁にあって略奪にあわなかったことも残存できた要因である。

写真3　日本銀行旧小樽支店（北海道）
設計には東京駅の設計で知られる辰野金吾ほか、長野宇平治、岡田信一郎といった当時の日本を代表する建築家が関わったと言われる。

写真4　旧開智学校（長野県）
1876（明治9）年に棟梁の立石清重によって松本市に建てられた。典型的な疑似洋風建築とされる。

インであり、視覚的な形態は同じであっても、それらが目指したものは全く異なるため、別物として見なければならない。

写真5は公園内につくられたモニュメントである。東屋などの休息のための空間ではなく、単に景物の一つとして置かれているものがしばしば見られる。西洋式の空間構成（後述するイギリス風景園など）を採用したことに合わせたものであり、デザインの使い方としては誤りではない。ただし、写真のように柱に張り紙がなされたりすると著しく品位を損なう。

写真5　公園内モニュメント

写真6　一般住宅の玄関ポーチ

写真7　トイレのデザインに見るオーダー

写真6もよく見るオーダーの例で、一般住宅のポーチの柱などに用いられている。洋風の洒落た雰囲気を演出しているのだろう。また、規模の大きな個人住宅でもしばしばオーダーのデザインは取り入れられ、豪華さを演出する装飾として用いられる。

写真7は公共施設のデザインに見るオーダーである。これは銀座の裏通りにある公衆トイレであるが、場所柄、高級なイメージを求めたのだろうか。後述するキッチュやディズニーランダイゼーションに通じるところもあり、デザインの評価は難しい。

写真8は商業施設に使われたオーダーである。パチンコ店やゲームセンターなどの遊戯施設、ファミリーレストランや洋風レストラン、結婚式場などの建物でオーダーのデザインは非常によく使われている。

写真9は下北沢のガード下の歩道上に並ぶイオニア式のオーダーである。この場にふさわしいデザインであるかどうか、という判断は難しい。だが、この先の小劇場などがあるにぎやかなエリアへ向かう人々の期待感を盛り上げる。日常空間（ケ）と劇的空間（ハレ）の間にある結節点となっている。

このように古代ギリシャから伝わるオーダ

写真8　商業施設のオーダー

写真9 公共空間のオーダー（東京都）
殺風景になりがちな鉄道高架橋の立体交差部をペイントとオーダーの列柱によって劇的な空間に変えている。

ーのデザインは、現代日本の都市空間では「乱用」と言ってよいほど数多く使用されている。式場、遊戯施設などでオーダーを使用する側にとっては、ハレとケ、現実世界と非現実世界といった、日常とは異なる空間へ誘おうという意図が見られる。

　日本における乱用気味のオーダーの使用状況を見ると、近代化の過程で植え付けられた西洋文明への憧れを、現代の日本人がいまだに根強く持っていることが感じられる。手軽に西洋らしさを表現できるという点も見逃せないが、日本の都市空間のデザイン的乱雑さに拍車をかける一因にもなっていることについては、警戒すべきデザイン要素でもあろう。

---

column

テルマエ・ロマエに見る古代ローマの景観

　『テルマエ・ロマエ』（エンターブレイン、2009）はヤマザキマリによる漫画作品。古代ローマの浴場と現代日本の風呂が時空を超えてつながり、主人公のルシウス・モデストゥスがその間を行き来する。映画化された作品も大ヒットし、続編も制作される。ルシウスの仕えるハドリアヌス帝は「ローマの五賢帝」の一人でパクス・ロマーナと呼ばれる平和と繁栄の時代を築いた皇帝である。ローマに残るパンテオン（写真1）を再建し、広大な庭園を持つヴィラ・アドリアーナを建設したことでも知られる。建築、造園分野にも大きな足跡を残した。物語はもちろんフィクションであるが、古代ローマの景観や習俗など、漫画と映画を通じて楽しめる。

2-2 中世の庭園をルーツに持つ 現代のデザイン

1 中世の庭園の成立

中世は簡単に記述すれば「古代と近世の間の時代」ということになる。だが、中世がいつから始まったかを明確に画することは難しい。4世紀の後半にローマの衰退が始まり、375年に東のアジア系騎馬民族であるフン族に圧迫されたゲルマン民族の大移動が始まる。395年に栄華を誇ったローマ帝国が東西に分裂し、その後476年に西ローマ帝国が滅亡した。一般には、この西ローマ帝国の滅亡をもって中世の始まりとする場合が多い。

中世の社会的特徴は、以下の5点に整理される。

- 古代奴隷制社会と近代資本主義社会との間にある社会形態
- 自給自足を原則とする農本主義的自然経済
- 階級・職能・身分が世襲になった身分制社会
- 僧侶・貴族が支配身分となった社会
- 領主相互間の君臣関係を有する社会

ローマ帝国時代に盛んに建設された庭園は荒廃し、その造園技術も失われていった。この時代に現れた庭園形式は、①教会の中の囲われた中庭として生じたキオストロ、②カール大帝の勅令で各修道院に設置されることになった実用園としてのハーブ園、③イベリア半島でイスラム文化との融合で発達したパティオ、の3タイプである。

2 中世の庭園の歴史的なデザイン

教会が人々の生活全般に深く影響を及ぼした時代にあって、教会の「囲われた庭」としての中庭、キオストロがつくられた。ここで教会の中庭をさす言葉について整理しておくと「キオストロ：chiostro、イタリア語」「クロイスター：cloister、英語」「クロワートル：cloître、フランス語」で、もとのラテン語では「クラウストゥルム：claustrum」と呼ばれる。日本の文献ではこれらが混在していることがあるので注意したい。本書では便宜的に「キオストロ」を用いる。

初期のキオストロは簡素なものであったと

写真1 サン・ジョヴァンニ・イン・テラーノ教会のキオストロ（ローマ）
繊細なモザイクで装飾され、キオストロとしては世界有数の美しさを誇る。

写真2 サン・マルティーノ教会（ナポリ）
ナポリの高台にある美しい教会。大理石の明るい白色のせいもあり、陰鬱な感じはほとんどない。

写真3　サンタ・キアーラ教会（ナポリ）
美しい彩色陶器で覆われた列柱と、豊かな緑で覆われた
キオストロは、都市のオアシスのような風情を醸している。

思われるが、イタリアには造形的にも色彩的にも多様なキオストロがつくられた。**写真1**はローマのサン・ジョヴァンニ・イン・テラーノ教会のキオストロである。同国にあるチェルトゥーザ・ディ・パヴィア教会のキオストロと共に世界で最も美しいキオストロの一つであろう。

　写真2はナポリのサン・マルティーノ教会のキオストロで、「メメント・モリ（死を忘れるな）」のモチーフであるドクロが数多く置かれている。リアルな大理石製の頭蓋骨ではあるが、不思議とおどろおどろしさはない。**写真3**はナポリのサンタ・キアーラ教会のキオストロで、彩色された陶板が貼られた列柱と植栽の緑が非常に美しい。

　ゲルマン民族の大移動以降、騒然としていた西ヨーロッパを統一したフランク王国のカール大帝（742-814）は、「御料地令」によって各修道院に実用園としてのハーブ園の設置を進めた。リンゴ、西洋ナシといった果樹の他、バラ、ユリ、セージなどの植栽リストが知られている。

　ローマ帝国滅亡後のイベリア半島は、ゲルマン民族の大移動によって移動してきた西ゴ

ート王国に支配されるが、711年にイスラム系のウマイヤ朝により西ゴート王国は滅亡する。イスラム教徒の支配地域は、718年に始まるレコンキスタ（国土回復運動）によって徐々に狭まり、1492年にイベリア半島における全領土をキリスト教徒に奪還される。約800年続いた高度なイスラム文化が去った後、イベリア半島にはムデハル様式と呼ばれるイスラム教とキリスト教の融合した建築様式が現れる。回廊で囲われたパティオ（中庭）は、もともとイスラム建築にルーツを持つと考えられるが、土地の気候にも馴染み、多くの住宅建築で採用された。形態的には先のキオストロと酷似しており、単独で見た場合区別がつかない。現代日本の空間において回廊で囲まれた庭をさす場合には、パティオと呼ぶことがほとんどである。

③ 中世の庭園に通じる現代空間のデザイン

　キオストロ、パティオから派生したデザイン要素としては、囲まれた方形の空間とそれを取り巻く回廊ということになる[★1]。これはほとんど変形することなく、現代の空間でも用いられている。

　写真4は公園の一角に設けられたキオストロ（パティオ）風の空間である。大空間（人間的尺度）の中に区切られたヒューマンスケールの空間は、後述するイタリア庭園のジャルディ

写真4　公園内のキオストロ（パティオ）風デザイン

ーノ・セグレトのように外部からの視線を遮り、落ち着いた空間をつくることができる。

写真5は商業施設の一角につくられたキオストロ風の空間である。水盤から落ちる水音は周囲の喧騒を和らげる効果もあり、潤いのある空間を演出している。水盤を囲む飲食空間がまさにキオストロの回廊のような構成になっている。

最後の写真6は、住宅地の中につくられたパティオ風の空間である。小規模な集合住宅の前につくられた共用空間であり、やや素っ気ないデザインではあるが、シンプルでメンテナンスの手間がかからない空間のように見える。

以上に見るようにキオストロ風、あるいはパティオ風の空間は、公共の緑地空間から商業施設、住宅地まで幅広く用いられている。シンプルで空間としてまとめやすく、メンテナンスの点でも有利であることがその理由であろう。

写真5　商業施設内のキオストロ風空間

写真6　住宅地のパティオ風デザインの空間

column

カール大帝

　カール大帝は古代ローマ文化、ゲルマン文化、キリスト教文化の融合を果たし、中世以降のキリスト教ヨーロッパの基礎を築いた。そのため「ヨーロッパの父」と呼ばれている。現在では、彼の農業改策によってブドウ栽培などが広まったことにより、ビールやワインをヨーロッパの文化として根付かせたことでも知られている。さらに、カードゲームのキングのモデル

もカール大帝であると言われている。

ムデハル様式

　ムデハル様式はアラビア語で「残留者」を意味する言葉に由来する。レコンキスタ（国土回復運動）の後、イベリア半島に残ったイスラム様式とキリスト教建築の様式が融合したスタイルである。スペインでのみ見られる様式で、洗練を極めた繊細なデザインで知られる。

注釈

★1　囲まれた方形の空間がキオストロ風かパティオ風か、明確に判別するのは難しい。ここでは便宜的に、住宅の中庭のような比較的小規模なものをパティオ風、公共の空間にあって比較的大規模なものをキオストロ風と呼ぶことにする。

2-3 イタリアテラス式庭園をルーツに持つ 現代のデザイン

1 イタリアテラス式庭園★1の成立と その展開

1）イタリアテラス式庭園の成立

　西ローマ帝国が滅亡してからフィレンツェでルネサンスが始まるまでの約1000年間を「中世の暗黒時代」と呼ぶことがある。だが、中世の研究が進むにつれて、このイメージを否定する研究者も増えている。中世の捉え方の是非はともかく、庭園文化については、古代ローマからルネサンスに至るまでの長い間、イスラム教徒が支配したイベリア半島を除いて見るべきものは現れない。

　ルネサンスの時代に入り、最初に現れた庭園はやはりルネサンスの中心地、フィレンツェにおいてである。最初期の作庭を主導したのは、レオン・バッティスタ・アルベルティ（1404-1472）であったと言われている。アルベルティはルネサンス期に理想とされた「万能の人」であった。のちのレオナルド・ダ・ヴィンチ（1452-1519）に先駆けて、建築、絵画、彫刻、詩作、演劇作品など多くの分野で才能を発揮した。アルベルティは古代ローマ時代の博物学者として有名な小プリニウス（61頃-112）が手紙に綴った庭園の様子をもとに、あるべき庭園の姿を説いた。文字通り「ローマの庭園の復興（ルネサンス）」であったと言える。

　今日まで残る初期ルネサンス庭園の代表作が、フィレンツェの郊外にあるカレッジのメディチ荘（以下、カレッジ荘）である。ルネサンスの芸術家たちのパトロンであったコジモ・デ・メディチが15世紀中頃に建設した。政争の激しかったフィレンツェのまちから抜け出して、余暇と庭いじりを楽しんだと言われている。のちに、コジモはフィレンツェに設立したプラトン・アカデミーをここに移し、多くの文化人、芸術家が集うサロンとした。コジモの孫のロレンツォの時代に全盛期を迎え、全ヨーロッパに名を馳せたと言われる。

　カレッジ荘の後もメディチ家によるフィレンツェ郊外の別荘建築は続く。その中でイタリアテラス式庭園と呼ばれる庭園形式も定まっていく（写真1）。

2）イタリアテラス式庭園の展開

　ルネサンス初期にフィレンツェ周辺の丘陵地に造営されたイタリアの庭園は、時代によってその様相を変化させていく。ルネサンス様式と呼ばれる15世紀の庭園には、カレッジ荘とポッジョ・ア・カイアーノのメディチ荘の庭園がある。これら初期の庭園はまだテラス状に展開するというよりは、丘陵地につくられた眺望の良いヴィラ（別荘）という趣である。ルネサンス後期の16世紀に造営されたペトライアのメディチ荘やカステッロのメディチ荘になると、その後のイタリア庭園の代名詞となるテラス状の庭園となる。

　ルネサンスの後に来たマニエリスム時代の芸術には、模倣、焼き直しといった負のイメージが強いが、庭園においては絵画や彫刻とは異なる展開があった。庭園に図像のプログ

写真1　ガルゾーニ荘
『ピノッキオの冒険』の作者ゆかりの地コッローディにある代表的なイタリアテラス式庭園。

写真2　イゾラ・ベッラ
イタリア北部マッジョーレ湖に浮かぶバロック様式の庭園。その豪華絢爛さはイタリアでも五指に入る。

ラムを取り込んだ寓意的な表現が現れ、依頼者の権力や美徳をギリシャ神話の神々に置き換えて表現することなどが盛んに行われた。加えて同時期には、水圧を利用した機械仕掛けの見世物が流行する。作り物の鳥が鳴いたり動物が動いたりするなど、人を驚かせるような仕掛けが考案され、総称してジオッキ・ダクア（giochi d'acqua）と呼ばれる。この時代の代表的な庭園には、ローマ郊外、ティボリのエステ荘やバニャイヤのランテ荘がある。

16世紀末になるとバロック様式と呼ばれる新たな様式が現れる。バロックの時代にはガリレオ、ニュートン、ケプラーといったそれまでのキリスト教的宇宙観を覆すような科学的進歩があり、変化のない安定と秩序が支配する中世的価値観をおおいに揺さぶることになる。建築や庭園にも多大な影響を及ぼしたと言われるが、表現としては、豪華さや過剰さ、怪物趣味、迷路や不意打ちの仕掛け、ジオッ

キ・ダクアへの偏愛などを特徴としている。この時代の代表的な庭園には、アルドブランディーニ荘、イゾラ・ベッラなどがある（写真2）。

■2 イタリアテラス式庭園の歴史的なデザイン

イタリアテラス式庭園の主なランドスケープ・デザイン上の特徴は、次の1）～5）に示す主な五つの構成要素のほか、6）～9）の特徴を有する。

1）ベルベデーレ（belvedere）（写真3）

イタリア語で「良い眺め」を意味する。良い眺めを得られるビューポイントを意味する場合もある。テラス状に展開するイタリアテラス式庭園では、当然ながらテラスの上部から見下ろすと眼下に広がる風景が望める。庭園には空間構成上の軸線を設け、テラス上部のビューポイントからの視界を遮らないよう

に樹木などが配置される。軸線上にはアイス
トップとなる噴水などが置かれ、さらにその
延長線上にもモニュメントのランドマークが
置かれる場合が多い。

2）グロッタ（grotta）（写真4）

「洞窟」を意味する。ルネサンス期の庭園は
古代ローマ庭園の復興から始まった。この古
代ローマの庭園にも存在したと考えられるグ
ロッタが、ルネサンス期に再び用いられるこ
とになった。初期のルネサンスの庭園を主導
したアルベルティが、「自然に似せた洞窟に軽
石を張ったかたち」をグロッタの祖型とした
ため、その影響を受けたグロッタが広まっ
た。一方で、グロッタには多様な形態が派生
している。自然の洞窟に似せたものだけでは
なく、庭に設けた小房に設置したり、室内の
一角に設けたり、あるいは屋内の部屋をまる
ごとグロッタのようにつくり込んだものもあ
る。16世紀中期以降は来園者を驚かすための
仕掛け噴水を仕込んだグロッタも盛んにつく
られた。

3）自噴式噴水（写真5）

イタリアテラス式庭園では、テラスよりも高
い位置の貯水池から導管で水を導くことがで
きれば、サイフォンの原理で動力を用いずに
水を噴き出させることができる。このような
テラス状の形態を利用した噴水の設置もイタ
リアテラス式庭園の特徴である。16世紀後半
に完成したティヴォリのエステ家別荘（ヴィ
ラ・デステ）の庭園では10メートル以上も自
噴式の噴水を吹き上げることに成功している。

4）ジャルディーノ・セグレト
（giardino segreto）（写真6）

ジャルディーノ・セグレトは「秘密の庭」を
意味する。イタリア語のgiardino は英語の
garden、同じくsegretoはsecret と同意なの
で、英語で言うとシークレット・ガーデン、と
いうことになる。これは「庭の中につくられ
た庭」で、塀や生け垣で囲われた空間であ
る。特に庭園全体が広大な場合には、そこか

写真3　エステ荘のベルベデーレ（ローマ近郊、ティボリ）

写真4　エステ荘のグロッタ

写真5　エステ荘の噴水

写真6　エステ荘のジャルディーノ・セグレト

写真7　エステ荘のボスコ内部

写真8　モンドラゴーネ荘（フラスカーティ）のヴィスタと
　　　　アイストップ

写真9　ピザーニ荘（ストラ）の立体迷路

ら切り離されたヒューマンスケールの空間として設置される。庭園を歩き疲れた人々が休息をとるスペースとしても利用される。

5）ボスコ（bosco）（写真7）

森、樹林などを意味する。比較的大きな庭園で見られる庭園の中の樹林。歴史的庭園では樹木が大きく繁茂し、ボスコかどうか判別することが難しいことが少なくない。

6）ヴィスタとアイストップ（写真8）

庭園の空間構造として、中心に軸線が置かれるため、軸線上に立って軸線方向を見ると透視図のようなパースペクティブ（遠近感）が望める。これをヴィスタと呼ぶ。ヴィスタの延長上には、モニュメント等が置かれ、視線の止まるところ（アイストップ）として機能する。ヴィスタとアイストップによる空間構成は、ヨーロッパの都市で多用される景観構成の手法であり、アイストップがランドマークとなることも少なくない。高低差のあるイタリアテラス式庭園よりも、平面的に展開するフランス整形園のほうがより鮮明に現れる。

7）立体迷路（写真9）

ルネサンス以前の修道院の庭などにも迷路は存在したらしい。12世紀のイングランド王ヘンリー2世（1133-1189）は、迷路の中の隠れ家に愛人を匿ったという言い伝えがある。バルバリゴ荘、ジュスティ荘、ピザーニ荘などの代表的なイタリア庭園には美しく複雑な立体迷路が現存する。出られなくなる人が続出するため、監視員のいるときにしか入れないのが玉に瑕である。

8）マスケローネ（mascherone）（写真10、11）

怪人面、マスカロン、などとも呼ばれる。起源ははっきりしないのだが、イタリア庭園の成立以前から存在したことは明らかである。怪人、ライオンやオオカミなどの猛獣、空想上の怪物など、人を怖がらせようという意図は共通する。

彫像やレリーフとしてつくられ、水の吐出口であることも多い。マニエリスム期からバ

写真 10 エステ荘のマスケローネ

写真 11 怪物公園（ボマルツォ）の巨大なマスケローネ

ロック期には巨大なものもつくられた。初期のものは魔除けの意味もあったと考えられるが、18世紀頃になると次第に装飾的なもの、単に怪奇趣味を満たすものが多くなる。

9）その他

　人物像のかたちをした柱状の装飾もイタリアの庭園では比較的目につく。女性型の人柱像をカリアーティデ、男性型の人柱像をテラモーネと呼ぶ。ギリシャ時代から存在し、建築の荷重を支える柱の他、庭園では壺などを頭上に載せて列状に並べられる。

写真 12 イタリアテラス式庭園風の公園（東京都）

3 イタリアテラス式庭園に通じる 現代空間のデザイン

　現代日本の空間にもイタリアテラス式庭園のデザインをモチーフにしたと思われるものが少なくない。写真12は、公園として整備された空間であるが、敷地の高低差を利用して、テラス状に展開している。噴水は自噴式ではなく、ポンプによるものであろうが、高所から流れ下る水の処理など、バロック期のイタリアテラス式庭園らしい雰囲気を出している。

写真13 ジャルディーノ・セグレト風のデザイン（神奈川県）

写真13はマンションの外構の一部につくられたジャルディーノ・セグレト風の空間である。イタリアテラス式庭園の知識がなければ、およそこのような空間をつくる発想は生まれないだろう。子どもたちの格好の遊び場になっているのだが、内部に椅子などを配せば、本家イタリアテラス式庭園のような落ち着いた空間としても利用できる。

写真14は公園の一角にある迷路のような刈り込みを施された植栽である。イタリアテラス式庭園にある本物の迷路では、迷路から脱出できない人が続出するため、監視員の配置が必須となる。そういう意味で本当の迷路を設置することは難しいのだが、画像のような迷路風の刈り込みは、見る者をわくわくさせるような効果がある。

写真15と16は現代のマスケローネである。特に商業施設などには、思いの外多用されている。写真15のような本物志向のマスケローネから、写真16のような可愛らしいものまで、そのデザインの幅は広い。本来の魔除け、あるいは怪物趣味といった趣とは異なり、西洋風の洒落た空間演出に用いられる

ことが多いようだ。写真16は妖怪でもスーパーヒーローでも何でも可愛らしくしてしまうジャパナイズ的嗜好を感じさせるとともに、後述するキッチュに通じたデザインでもある。

写真15（上）、16（下）　現代の都市空間に見るマスケローネ
マスケローネは、公園や商業施設の中などに意外に多く使われている。上のようにオリジナルに忠実に再現されたものから、下のような可愛らしいものまで、その振れ幅は大きい。

写真14　迷路風の刈り込みの意匠

注釈

★1　日本庭園の形式についての呼称と同様、西洋庭園の形式の呼称にも幅がある。ルネサンス期に起源を持つイタリアの庭園は、単にイタリア式庭園と呼ばれることもあれば、イタリアテラス式庭園、イタリア露壇式庭園などと表記されることもある。後述するフランスの庭園は、フランス式庭園、フランス整形庭園、フランス整形式庭園、フランス幾何学庭園などと呼ばれ、イギリスの庭園は、イギリス式庭園、イギリス風景園、イギリス風景式庭園などとも呼ばれる。本書では、形態を想起させるイタリアテラス式庭園、フランス整形庭園、イギリス風景園の呼称を採用することとした。

メディチ家とルネサンス

ルネサンス期に綺羅星のごとく現れた芸術家たちを経済的に支えたパトロンとしてのメディチ家は、ことのほか重要な存在である。最初に台頭したのはジョヴァンニ・ディ・ビッチ（1360-1429）で、彼は銀行業で大成功し莫大な富を築いた。

息子のコジモ・イル・ヴェッキオ（1389-1464）が1737年まで続くメディチ家のフィレンツェにおける支配体制の基礎を確立する。公職選挙制度を操作し、事実上の支配者（シニョリーア）としてフィレンツェ共和国を統治した。

その子のピエロ（1416-1469）は病弱であったが、反メディチの動きを押さえ込むことに成功し、メディチ家黄金時代を維持した。建築、数学、法学、美術から音楽、スポーツ競技まで、天才的な才能を発揮したアルベルティ、15世紀のイタリア芸術の方向性に多大な影響を与えたドナテッロ、「ヴィーナスの誕生」や「プリマベーラ」で今日まで人気の高いボッティチェリなどは、ピエロの時代に活躍した。

ピエロの子、ロレンツォ（1449-1492）は優れた政治的手腕でフィレンツェの全盛期を演出した。ルネサンスの三大巨匠と称されるミケランジェロ、レオナルド・ダ・ヴィンチ、ラファエロをはじめとする錚々たる芸術家を輩出し、「偉大なるロレンツォ（ロレンツォ・イル・マニーフィコ）」と呼ばれる。だが、その華々しい栄光の陰で、衰退も始まっていた。ロレンツォが43歳の若さで病没すると、フィレンツェに花開いたルネサンスも急速に幕を閉じることになる。メディチ家は、一時はフィレンツェ追放という憂き目にもあうが、不死鳥のごとく復権し18世紀までヨーロッパ史の表舞台で活躍する。

ヨーロッパ人のイスラム・コンプレックス?

ギリシャ時代に発展した哲学、科学、数学などの知識は、直接ヨーロッパ文明へとつながっているような印象を受けるのだが、それは近代以降のヨーロッパ人が、意図的にそのように見せているためである。実際に古代ギリシャの高度な学問を引き継いだのは、イスラム教徒たちであった。

度重なる迫害にもかかわらず、キリスト教は、4世紀末のローマ帝国において絶対的な権力を持つに至る。この頃から神学論争が盛んになる一方で科学的見方を否定したため、自然科学、哲学、数学等の進歩は停滞してしまう。他方、古代ギリシャ文明を引き継いだイスラム教徒は北アフリカからイベリア半島にまで勢力圏を拡大した。特に830年にバグダッドに設立された「知の館」において、膨大な数のギリシャ語文献がアラビア語に翻訳され、イスラム教徒に継承された。

11世紀になるとアラビア語からラテン語への翻訳が盛んになる。これらの作業はイベリア半島のコルドバを中心に行われた。その後も医学や自然科学の知識が次々とラテン語に翻訳され、次代のルネサンスの基礎をつくるのである。

少なくとも12世紀頃までは、イスラムは文化的にヨーロッパを凌駕していた。ヨーロッパ人の文化的優位性を示すもののほとんどが、実はイスラム教徒由来ということについて、コンプレックスを持つのも致し方ないことかもしれない。

2-4 フランス整形園をルーツに持つ 現代のデザイン

1 フランス整形園の成立とその後の展開

1）フランス整形園の成立

　15世紀末、ルネサンス文化が花開いたイタリアの影響がフランスにも及び始める。特に1495年にシャルル8世がナポリ王国に侵攻したことにより、直接フランス人がイタリアの先進的な文化に触れることになった。その後、フランスでもロワール川流域の城館に庭園の造営が見られるようになり（写真1）、さらにこの庭園文化はパリにも波及していく。

　庭園文化の伝播は、ルネサンスの庇護者となったメディチ家の影響も無視できない。まず、コジモ・デ・メディチはヨーロッパ各地に銀行の支店を設けており、ルネサンス文化の発信にも寄与したと考えられる。そして、よ

り大きな影響をもたらしたのは、フランス王アンリ2世に嫁いだカトリーヌ・デ・メディチ（フランス語読みでは、カトリーヌ・ド・メディシス）とアンリ4世に嫁いだマリア・デ・メディチ（フランス語読みでは、マリー・ド・メディシス）の存在である。

　二人ともフランス王家に輿入れする際には、料理人や庭師など多くの従者がともなっていた。カトリーヌ・デ・メディチの時代には、ティルリー宮の建設とフォンテーヌブロー城の改築を行っている。また、マリア・デ・メディチの時代には、フィレンツェのピッティ宮やボーボリ庭園を懐かしみ、ルクサンブルグ宮とその庭園を造営させている。このような建築、造園行為を通じて、イタリアの文化が伝わったと言われている。

写真1　ロワール川流域、ヴィランドリー城の庭園

写真2　アンドレ・ル・ノートル

　フランス国内では、宮廷庭師も現れる。ただし、初期のフランスの庭園では、建築家がデザインし、庭師はデザインには関わらなかった。有力な宮廷庭師として、モレ家とのちのアンドレ・ル・ノートルにつながるル・ノートル家が頭角を現してくる（写真2）。

　以上のようなイタリアからの文化伝播や宮廷庭師の台頭を背景としつつも、フランス整形園は、アンドレ・ル・ノートルという一人の天才的造園家によって、一気に完成されたかたちで現れたように見える。アンドレ・ル・ノートルが手掛けた初めての大規模庭園にしてフランス整形園の完成形でもあるヴォー・ル・ヴィコント城の庭園がそれである（写真3）。この庭園は財務長官ニコラ・フーケにより1653年頃にル・ノートルに依頼され、1655年頃から工事が開始された。庭園の造営は1661年にフーケが逮捕されたことによって止まるが、この時までに庭園の奥のヘラ

クレス像の設置などを除いて、ほぼ完成の域にあった。ル・ノートルはこの後、さらに広大なヴェルサイユ宮苑の造営に取り組むことになる。

2）フランス整形園のその後の展開

　ヴォー・ル・ヴィコント城の建設に関わった建築家のルイ・ル・ヴォー、装飾に関わったシャルル・ル・ブラン、そして造園に関わったアンドレ・ル・ノートルの3人は、引き続いてルイ14世の命でヴェルサイユ宮殿の造営に関わることになる。ヴェルサイユ宮殿はヴォー・ル・ヴィコント城をはるかに上回る規模で建設されることになり、そのデザインは当時王政を敷く各国に波及していく。厳格な左右対称の秩序を持ち、宮殿と共に広大さを演出するフランス整形園は、権力を集中して掌握したい絶対王政の君主にとって、その象徴的な空間形態として受け入れられた（写真4）。代表的なものにオーストリア、ウィーンのシェーンブルン宮殿とベルベデーレ宮殿、ドイツのシャルロッテンブルク宮殿、ヘレンハウゼン宮殿、スウェーデンのドロットニングホルム宮殿などがある。

　王政の衰退とともにその象徴であったフランス整形園も一時期消滅しかけ、後述するイギリス風景園に置き換えられていったものも少なくない。19世紀の終わりになって再評価され、各地で修復、復元が行われ、今日に至っている。

写真3　ヴォー・ル・ヴィコント城の庭園

写真4　ヴェルサイユ宮殿の庭園

2 フランス整形園の歴史的なデザイン

庭園を構成する基本的な構造、例えば軸線と軸線上に展開するヴィスタとアイストップなどは、イタリアテラス式庭園から引き継がれている。また、庭園のディテールを構成するグロッタ、マスケローネ、テラモーネ（カリアーティデ）なども同様に引き継がれている。一方、ボスコ（森）は森の中の木々に囲まれた空間（ボスケ）として、イタリアテラス式庭園のジャルディーノ・セグレトのような性格の空間に変化する。それらを踏まえたうえで、次の5点はフランス整形園のランドスケープ・デザイン上の特徴と言える。

1）水平方向の広大さ

絶対君主の権力の象徴であったことからも、見た目の広大さが求められた。主要部分に視界を遮るようなものは置かれず、水平方向に広がっている。初期のヴォー・ル・ヴィコント城の庭園は約70ヘクタール（東京ドームの約15倍）だったが、ヴェルサイユ宮苑になると宮殿前からアポロンの噴水までの「ジャルダン」と呼ばれるエリアだけで94ヘクタール、プチ・パルク、グラン・パルクを入れると約8454ヘクタール（東京ドームの約1800倍）にもなる（写真5）。これは東京23区で最も面積の広い大田区（約6000ヘクタール）よりも広い。いかに広大であるかが想像されるだろう。

2）構成上の特徴

構成上の特徴には次の4点があげられる。

- 中央を貫く力強い軸線と遠くまで見通せるヴィスタ
- 軸性沿いの左右対称性
- 館に近いほど密なデザインで、館から離れるほど粗なデザインになること
- 風景の完結性（日本庭園のような借景や、イタリアテラス式庭園のような庭園外に視線が開放されるベルベデーレはなく、庭園のみで風景が完結する）

3）静的な水の扱い

広い水面を装飾的に用いる。イタリアテラス式庭園のようなカスケードや小規模な噴水を多用することは少ない。その一方で、幅の広いカナルや池を多用する傾向にある。

4）ボスケ（bosquet）（写真6）

イタリアのボスコ（森）とは異なり、樹林の

写真6　ヴェルサイユ宮苑のボスケ

写真5　ヴェルサイユ宮殿の庭園

写真7　ヴォー・ル・ヴィコント庭園のパルテール

写真 8　バラ園につくられたフランス整形園風デザイン（神代植物園、東京都）

写真 9　マンションのエクステリアにつくられたフランス整形園風デザイン

中を貫通する直線的な園路が交差する地点等に設けられる木々に囲まれた空間をいう。空間の使われ方としてはイタリアテラス式庭園のジャルディーノ・セグレトに近い。

5）パルテール（parterre）（写真7）

　ツゲのボックス・ヘッジをつくり、その中に植物や色付きの小石を敷き詰めて刺繍のような複雑なパターンをつくる花壇（刺繍花壇、または装飾花壇とも呼ばれる）。ボックス・ヘッジなしでつくることもある。イギリス発祥と言われる結び目花壇（ノット・ガーデン）と似ているが、結び目花壇はその名の通り紐の結び目を原型とする装飾で、三次元的に展開するように見える。

3　フランス整形園に通じる現代空間のデザイン

　平面的に広がりのある敷地を持つ公園などではよく用いられるデザイン構成である。写真8はバラ園であるが、温室を宮殿の位置において左右対称に空間を構成している。明快な空間構成が心地よい。

　写真9は郊外につくられた比較的大規模なマンションのエクステリア・デザインである。洒落た雰囲気を醸し、高級感を演出するのに整形園のデザインはよく用いられる。ただし、ヨーロッパの歴史的整形園のように本物の石材を用いてつくられることはほとんどなく、コンクリートに吹付塗装というものが大多数で

あり、経年変化とともに劣化してしまうものが多い。新築で分譲販売するときだけ美しく見えればよい、という考えが露骨なようにも感じられる。表面的なかたちだけ真似ているように見える点は残念である。

　写真10は結婚式場の一角につくられたパルテールである。やはりフランス宮廷のような華やかさを演出しようとしている。雨が多く、植物の繁茂が早い日本ではメンテナンスに手間がかかり、美しさを維持するのは容易ではない。収益の期待される施設でしか使用されない傾向がある。

写真 10　結婚式場につくられたパルテール風デザイン

2-5 イギリス風景園をルーツに持つ現代のデザイン

1 イギリス風景園の成立とその後の展開

イギリス風景園は、イタリアテラス式庭園がメディチ家の別荘と共に現れたことや、フランス整形園がアンドレ・ル・ノートルの登場によって一気に完成の域に達した状況とは異なり、多くの思想家やジャーナリストなどによって徐々にその登場の機運が高められていった。現代の都市公園のもととなった重要なランドスケープ・デザインであるので、その成立までの過程を見ていきたい。

1）イギリス風景園の成立前夜

ヨーロッパの人々にとって、「庭園は幾何学的な構成を基本とする」という固定観念は、きわめて強固なものだったと考えられる。古代メソポタミア文明でも、古代エジプト文明でも、庭園といえば幾何学的なものであった。自然風景を模して庭園とすることが一般的であった日本人から見ると、この点について理解することは感覚的に難しいかもしれない。

18世紀の初め、ジャーナリスト、随筆家など庭園に直接関係しない人々によって、庭園のあり方についての見直しが始まる。代表的人物としては、哲学者・政治家の第三代シャフツベリー卿アシュレー・クーパー（1671-

1713）、随筆家のジョーセフ・アディソン（1672-1719）、詩人のアレクサンダー・ポープ（1688-1744）などがあげられる。

第三代シャフツベリー卿アシュレー・クーパーは『モラリスト』（1709）の中で、自然の美しさを讃えるとともにその対極に整形園を置いて批判的に述べた。

随筆家のジョーセフ・アディソンは、みずから創刊したエッセイ新聞『スペクテイター』誌上の論説（1712）で、自由な考えを自然の美しさと共に讃えた。整形園の強い軸線とそれがつくり出すヴィスタからの視線の解放が念頭にあったと言われ、自分の土地に作庭を実践したとも伝えられる。

詩人のアレクサンダー・ポープは、『ガーディアン』の論説（1713）においてトピアリーを不自然な状態として批判的に述べ、自然なかたちを賞賛したという。アディソン同様、自分の土地に作庭を実践したとも伝えられる。

イギリス風景園の黎明期に造園家として名前の伝わる人物にスティーヴン・スウィッツァー（1682-1745）がいる。彼は『イコノグラフィア・ルスティカ』誌上でアディソンに同調する主張を展開する。だが、彼が実際に作庭したものは整形園であったらしい。

写真1　ストウ庭園

写真2　ロウシャムハウス・ガーデン

2）イギリス風景園の成立、黎明期

フランス整形園がアンドレ・ル・ノートルの登場で一気に完成に向かったのとは対照的に、イギリス風景園の成立は風景美に対する多くの議論を経ながらゆっくりと進んだ。最初に整形園から風景園への橋渡し役を果たしたのは、チャールズ・ブリッジマン（1690頃-1738）と言われる。1680年頃サー・リチャード・テンプルが整形園のストウ庭園（写真1）を造営したが、その息子のコバム子爵がブリッジマンに改修を依頼した。

当初整形園の形態を取っていたストウ庭園に自然風景の美しさを取り入れようとしたのは、コバム子爵であったと伝えられる。ブリッジマンは自然風景園的な要素を進んで加えようとしたわけではなかったが、土地の条件から左右対称形の庭園をつくることができず、期せずして伝統的な整形園のかたちが崩れてしまった。このことがそれまで「庭園＝整形園」という固定観念を崩すきっかけになった

と言われている。ブリッジマンは、ハハー（写真5）の手法を考案したとされ、このハハーによって庭園の内外を視覚的に連続させることに成功した。

本格的なイギリス風景園を設計した最初の人物はウィリアム・ケント（1685-1748）である。彼は1709年頃ローマで絵画を学んでいるときに、生涯を通じて彼のパトロンとなる第三代バーリントン伯爵リチャード・ボイルに見出される。バーリントン伯爵は画家としてのケントに期待していたが、彼が能力を発揮したのは造園と建築の分野であった。ケントはバーリントン伯爵の邸宅であるチズウィック・ハウスの庭園を手始めに作庭を行った。その庭の特徴はきわめて視覚的なものであり、伝統にとらわれない自然風景の美しさのみを目指したものであった。彼がつくろうとした風景は、イタリアで学んでいた絵画の再現であった。特にクロード・ロラン、ニコラ・プーサン、サルバドール・ロサらの影響がき

写真3　ペットワース・ハウスの風景園

わめて強い。現在、ケントのデザインしたロウシャムハウス・ガーデンは、最初期のイギリス風景園として見学が可能である（写真2）。

3）イギリス風景園のその後の展開

ウィリアム・ケントの後、明らかに様相の異なる三つの流れを見ることができる。最初の流れをつくったのはケイパビリティ・ブラウンこと、ランスロット・ブラウン（1716-1783）である。諸説あるが、自然地形の可能性（ケイパビリティ）を頻繁に口にしたことから、ケイパビリティ・ブラウンと呼ばれるようになったとも言われている。彼の風景園は、彼が言ったと伝えられる"Less is More"が示す通り、究極のミニマリズムを目指したような風景であった。現存する彼の庭園ではペットワース・ハウス（写真3）の庭園はまさにミニマリズムの極みであり、イギリスの原野に立つ邸宅といった趣である。実際、「原野」には野生の鹿もたくさん生息している。彼のランドスケープ・デザインに対する思想がよく分かる。

二つ目の流れはピクチャレスク（絵になる風景）を推進する流れで、ブラウンのランドスケープを批判的に捉えている。ピクチャレスクの良い景観構成と悪い景観構成を実際に図示して、あるべきランドスケープ・デザインを伝えようとした。

三番目の流れはハンフリー・レプトン（1752-1818）が主導したもので、簡単に言えば折衷主義的なデザインである。彼は当初ピクチャレスク派のブラウン批判に反対したが、彼自身は館周りの整形園を復活させた（写真4）。折衷主義というと創造性に欠ける作庭のようだが、館周辺の空間をヒューマンスケールでつくり、館から離れたところを粗く大スケールでつくる彼の空間デザインは、今日的に見て理にかなっている。風景園（Landscape gardening）という言葉を創案した他、「レッドブック」を作成したことでも知られている（P.72コラム参照）。

イギリス風景園はヨーロッパ中を席巻し、フランス整形園の多くも一時期風景園につくり変えられた。その後、ヨーロッパのみならず北米、日本等が近代的価値観を共有する時代に入り、各国の公園のデザインに取り入れられていった。

2 イギリス風景園の歴史的なデザイン

日本の古代の庭園から始まって、ここまで見てきた各国、各時代の庭園にはそれぞれ特徴的なデザイン要素があった。だが、イギリス風景園に特徴的な要素はそれほど多くない。ハハーは数少ない特徴的な要素と言えるだろう。写真5では右側が庭園で、左側が庭園の外となる。庭園側から見ると、垂直に落ちる壁とその向こうで緩やかに高さを回復する地形によって、手前の庭園とハハーの向こうに広がる外部空間がひとつづきの空間のように見えるのである。

廃墟もイギリス風景園に特徴的な空間要素である（写真6）。イギリス風景園の生みの親とされるウィリアム・ケントは、イタリアで絵画を学んでいた。彼が描いていたのは当時流行ったローマ時代の廃墟などを風景の中に描くものであった。イギリスに戻ったケントは、彼が描いた絵を地上に再現しようとし、それが風景園のもとになる。そのため人為的に持ち込まれた廃墟が風景園の一要素となったのである。

写真4　アシュリッジ、館と前面の整形園

ノット・ガーデン（結び目花壇）は、イギリスが発祥と言われる。風景園の形成よりもずっと早いエリザベス１世の治世（在位1558-1603）の頃に、ギリシャ・ローマの古典建築の柱頭のデザインを革紐細工（スロラップ・ワーク）で表現する装飾が流行した。これが建築の壁や天井を飾る装飾として用いられ、やがて庭園にも用いられたことが起源と言われる。風景園に付随するデザイン要素ではないが、イギリス発祥の庭園デザインの要素として認識しておきたい。

3 イギリス風景園に通じる現代空間のデザイン

イギリス風景園の空間構成は、近代の都市公園に引き継がれたと言われる。だが、イタリアテラス式庭園に見られるような、軸線にともなうヴィスタとアイストップ、グロッタやマスケローネといった分かりやすい要素ではないため、何をもってイギリス風景園由来のデザインか、ということは難しい。大きな視点から見れば、伝統的に整形園しか存在しなかったヨーロッパの庭園に自然風景を持ち込み、その開放的で健康的な空間がやがて近代公園に取り入れられた、ということが言える（写真7）。

写真5　ストウ庭園のハハー
右手側が庭園である。庭園側から画面左手方向を見ると、手前から奥まで空間が連続的に見える。

写真7　ハイドパーク（ロンドン）

写真6　ファウンテンズ・アビーとスタッドレー・ロイヤル・ウォーター・ガーデン
12世紀に建設が始まり16世紀までイギリス最大を誇ったファウンテンズ修道院の廃墟を有する。周辺の緑、水面と共に織りなす風景はイギリス風景園の中でも最も美しいものの一つである。1986年に世界遺産に登録された。

写真8　都市緑地内の廃墟風デザイン
広い緑道空間に置かれた廃墟風の景物である。近代公園の空間構成のルーツがイギリス風景園であることを念頭に設置されたとすれば理にかなっている。

他方、イギリス風景園で多用される廃墟風のもの（フォーリー）は、意外にも現代日本の公園や緑道などで見かけることが少なくない。写真8は東京都中央区にある緑道の廃墟風デザインである。設計者は、近代公園のデザインのルーツであるイギリス風景園まで遡って、このデザインを採用したのだろうか。そうであれば理知的なデザインの選択であると言えるのだが、「立入禁止」などの注意書きが多くなる点においては、少し残念な感がある。利用者目線からのデザインも考慮されるべきだろう。

---

column

ウィリアム・ケントの人物像

イギリス風景園を創造したと言われるウィリアム・ケントだが、どのような人物だったのか実像はよく分からない。記録がないというよりも、とにかく記述されたものによって振れ幅が大きい。「気まぐれかつ衝動的」「知的ではなく、ほとんど読み書きができなかった」とも言われ、資料によってはさらに目を覆いたくなるような記述もある。その一方で「18世紀前半における最も有名な造園家」という評価もあり、イギリスで最も美しいパッラーディオ建築復興様式の一つと言われるホウカム・ホールの設計者とも伝えられている。

造園にしても建築にしても、常に彼の背後についてまわるのは終生のパトロンであったバーリントン伯爵の姿である。おおむねバーリントン伯爵に対する世間の評価は高く、パトロンでありつつケントを指導、監督する立場にあったことは事実らしい。造園であれ建築であれ、絵画であれ彫刻であれ、創造物にはその制作者の人間性がにじみ出るように感じられるものだが、ケントの作庭は作者の実態が見えない分、読みにくく感じられる。

元祖「ビフォー・アフター」、レッドブック

ハンフリー・レプトンは地方の徴税請負人の子として生まれ、両親は商人として成功することを望んだが、貿易事業などで失敗し、田舎に引きこもって農業を始めるも、これも失敗してしまう。39歳のときに農業の知識をもとに造園業に転向すると、たちまち成功したと言われる。得意だった作画の能力を活かし、改修前、改修後の景観を示した改造計画書を作成した。これは、豪華な赤いモロッコ皮の表紙を付けていたために「レッドブック」と呼ばれた。レプトンの時代には商工業で富を蓄積した市民が台頭する時代で、彼らに分かりやすいプレゼンテーションを示せたことが、成功の大きな要因だろう。挫折を繰り返しても、特別な天才ではなくても、常に前進することで歴史に名を残すほどの成功の可能性を示したのがレプトンである。

2-6 イングリッシュ・ガーデンをルーツに持つ現代のデザイン

1 イングリッシュ・ガーデンの成立とその後の展開

1）イングリッシュ・ガーデンの成立前夜
・プラントハンターの活躍

　ヨーロッパ列強が競ってアジアやアフリカに植民地を広げた時代、世界中から新しい植物がもたらされるようになった。植物学も盛んになり、フィリップ・ミラー（1691-1771）はのちのキューガーデンの前身であるチェルシー薬草園の学芸員として『園芸学事典』（1731）を著している。

　植物学の隆盛を強く後押しした要因には、プラントハンターと呼ばれる人々の活動がある。アメリカ大陸から驚異的な数の新種を持ち帰ったデヴィッド・ダグラス（1799-1834）や、ヒマラヤのシャクナゲの採取などで知られるジョセフ・フッカー（1817-1911）など、多くの有能なプラントハンターが現れる。彼らの真の目的は、茶やゴム、綿花などののちに大きな産業につながる有用な植物の採集にあり、国家をあげて行われた探索事業だったのである。

・新興中産階級の庭造りとガーデネスクの庭

　18世紀末から貴族の衰退と新興中産階級の台頭が顕著になる。産業革命で富を蓄えた人々による庭づくりが始まるのだが、かつての貴族のような広大な風景園ではなく、より身近なものを「ガーデネスク」の庭園スタイルと呼んだ。中心人物はジョン・クラウディウス・ラウドン（1783-1843）である。彼は『園芸百科事典』（1822）を著し、『ガーデナーズ・マガジン』（1826）を創刊するなどした。ガーデネスクは当初風景園に対峙する概念であったが、のちにはピクチャレスクに対比される言葉として用いられた。ガーデネスクの流行には、プラントハンターによって持ち込まれた豊富な園芸品種の増加が背景にあったことは間違いないだろう。

2）イングリッシュ・ガーデンの成立─サリー派、ガートルード・ジェキル以降

　19世紀後半以降、産業革命の負の側面が顕著になってくる。デザインの分野では機械で大量生産される工業製品に対する反発が強まるとともに、手工芸の復権が叫ばれるようになる。その先頭に立つのがウィリアム・モリスのアーツ・アンド・クラフツ運動で、のちのガーデニングの元祖と目されるガートルード・ジェキル（1843-1932）にも大きな影響を与えた。

　ガートルード・ジェキルは画家として活動をはじめた後、社会思想家のジョン・ラスキン（1819-1900）から思想的影響を受け、美術工芸家として活躍した。のちに視力の問題を抱えてから園芸の世界に入った。もともと画家であったジェキルは色彩構成に長けた植栽設計で頭角を現す。この手法は「カラースキーム（色彩計画）」として知られ、彼女の代名詞のようにも使われる。ジェキルは26歳年下の建築家、エドウィン・ランドシーア・ラッチェンズ（1869-1944）と組んで作庭を行った。二人共にサリー州を拠点にしたため「サリー派」と呼ばれる。

　ジェキルの庭で有名なのは、ヘクタークーム・ハウスの庭である。だが、彼女の影響下で作庭されたとされるローレンス・ジョンストン（1871-1958）のヒドコート・マナー・ガーデンや、ヴィータ・サックヴィル・ウェスト（1892-1962）のシシングハースト・カースル・ガーデンが高い名声を得るに至り、ジェキルの再評価が進んだと言える。なお、ヴィータ・サックヴィル・ウェストのシシングハースト・カースル・ガーデンは、夫ハロルド・ニ

コルソンと30年にわたってつくり上げたもので、「20世紀最高の庭」とも評される（写真1）。

2 イングリッシュ・ガーデンの歴史的なデザイン

これまで見てきた庭園にはそれぞれ特徴的なデザイン要素があった。イングリッシュ・ガーデンには、イタリアテラス式庭園のグロッタや自噴式の噴水のように分かりやすく空間を特徴付ける要素はないのだが、以下の特徴を見出すことができる。

・植物を自然に配置しながらも、部分的には幾何学的な形態も取り入れていること
・基本的に自然樹形だが、部分的にトピアリーを入れることにも抵抗がないこと
・手前に背の低い植物、奥に背の高い植物を配し、所謂ボーダーガーデンを形成すること

・ローズマリーやフェンネル等、薬用ハーブ等として用いられる植物を多用すること
・全体がヒューマンスケールでつくられ、親しみやすい空間であること

加えて、カラースキームで有名なガートルード・ジェキルの影響や、同時代のプラントハンターの活躍を背景としていたためか、色鮮やかな外来の植物を積極的に用いる傾向も見られる。

3 イングリッシュ・ガーデンに通じる現代空間のデザイン

現代のガーデニング・ブームを牽引してきたのがまさにイングリッシュ・ガーデンであるため、その影響を受けたと思われる緑地空間は、日本国内でも頻繁に目にすることができる。日本国内で「西洋風の庭」と言った場合には、十中八九イングリッシュ・ガーデンを

写真1　シシングハースト・カースル・ガーデン

さしていると考えてよい（逆に言えば、イタリアテラス式庭園やフランス整形園は相対的に少ない）。

写真2は商業施設内につくられた緑の空間である。大型ショッピングモールのエントランスなどに置かれ、大味な商業施設の建築デザインをカムフラージュしているように見える。ほとんどすべての植栽が幾何学的に刈り込まれるフランス整形園とは異なり、ある程度放置してもよいところが、植物の成長が早い日本の湿潤な気候にも向いている。近年はラベンダーやローズマリーのような定番の外来植物だけではなく、日本の在来種を用いるなどの取り組みも行われ、人工的な空間でありながら、よりエコロジーに寄り添ったデザインが採用されるようになっている。

写真2　商業施設内に見るイングリッシュ・ガーデン

様式について

　フィレンツェで始まったルネサンス期以降の庭園や建築について学んでいると、その時代の芸術様式をさすルネサンス様式、マニエリスム様式、バロック様式、ロココ様式といった用語が頻出する。これらの様式は、絵画や彫刻などの純粋芸術、建築や庭園、家具などの応用芸術、さらに音楽や文学まで人間の表現するものすべてに及んでおり、混乱させられることが少なくない。ここではイタリアテラス式庭園登場以降に関わるルネサンス様式からロココ様式までの四つの様式を対象として解説する。なお、インターネット上の情報などでは建築形態に絞ってシンプルに解説したものも見受けられるが、ここではあえて周辺分野も含めて状況を見ておきたい。

　様式に関する記述で混乱をきたす要因を整理すると、以下の5点があげられる。

1. 地域によって様式が現れる時期が異なること

　現在のような通信手段がなかった時代であり、人々の移動も厳しく制限されていた時代でもあったため、情報の伝達に大きな遅速の差がある。そのため地域によりそれら様式の出現する時期は大きく異なっている。

2. 分野によって様式の現れる時期が異なること

　分野によって様式が現れる時期に大きな差がある。例えばルネサンス様式の場合、最初に現れる文学分野のダンテ『神曲（地獄篇）』は1304〜1308年頃に書かれたと考えられるが、建築分野で最初

の人物と目されるブルネレスキが活躍を始めるのは1401年からで、約100年もの開きがある。

3. 形式・形態を表す場合と時期を表す場合があること

　例えば音楽で「ルネサンス音楽」と言った場合、ルネサンス特有の構成を持つ音楽という意味ではなく、「ルネサンス期につくられた音楽」をさす場合が多い。形態そのものを対象とする視覚芸術分野とは捉え方が違っている。

4. 必ずしも様式間の明確な境界がないこと

　デザインだけに注目しても、ルネサンス様式とマニエリスム様式、マニエリスム様式とバロック様式の境界は明確ではなく、解釈によって両方にまたがる場合が少なくない。

5. 派生したローカルな様式があること

　○○ルネサンス、○○バロックのように、派生したローカルな様式があまたある。また、論者によって解釈が異なることが、様式の理解を難しくしている。さらに、様式の呼称、位置付けは、どれも19世紀以降になされたものである。当時の人々の意識と、後代の研究者の意識にずれがあることにも注意しなければならない。

　以上が「様式」の明確な区分を難しくしている要因であるのだが、一般的なデザイン上の特徴をごく簡単に整理すると次頁の通りである。

・ルネサンス様式

ルネサンスは基本的に古代ギリシャ・ローマの様式を復興させることに主眼を置いたため、シンメトリー（左右対称）とバランス（調和）を重視している。ルネサンス様式に先行したゴシック様式（高い尖塔とそれを支えるリブ（肋骨）が特徴で、末期は過剰な装飾が施された）との対比で見られることも多い。時代的には1420年代から17世紀初頭までの約200年間続いた様式である。

ルネサンス様式（ボーボリ庭園）

・マニエリスム様式

美術史の区分としては盛期ルネサンスとバロックの間に位置する。盛期ルネサンスの芸術家たちは、圧倒的な完成度の極みに達したが、その代表であるミケランジェロの手法（マニエラ：maniera）は、特に高度な芸術的手法と捉えられた。だが、後代その様式の模倣は型にはまった生気のない作品と評されるようになり、創造性の乏しいものという評価が定着する。その後、20世紀に再評価される機運も生まれ、盛期イタリア・ルネサンス以降の芸術動向を表す様式として定着している。

表現の特徴としては、非現実的な人体比率や誇張された遠近法、誇張された不自然な空間表現、反自然主義的な色調などがあげられる。ボマルツォの怪物公園は、マニエリスム様式の分かりやすい例として取り上げられることが多い。

マニエリスム様式（ボマルツォの怪物公園）

・バロック様式

調和・均整を目指すルネサンス様式に対して劇的な流動性、過剰な装飾性を特徴とする。ルネサンスの理想が「永遠の相のもとに」であるのに対して、バロックの理想は「移ろいゆく相のもとに」である。

バロック様式は大きく、前期（1600〜1625年頃）、中期（1625〜1675頃）、後期（1675〜1725年頃）の三つの時期に分けられる。前期と中期はイタリアを中心に、後期はフランス等、絶対王政を敷いた国を中心に発展する。

前期と中期のバロック様式は、プロテスタントに対抗する手段としてカトリックの教会を中心に発展する。バチカンのサン・ピエトロ大聖堂のように壮大な空間をつくり、教会に入った人々に神の領域に踏み込んだかのような非現実的な感覚をもたらした。「だまし絵」により建築を立体的に見せる他、漆喰を大理石に見せるような技法も発達した。

フランスをはじめとする絶対王政の国々が中心となった後期バロックでは、室内外ともスケールがさらに大きくなり、王の権威を高める装置として発展した。植民地からもたらされた莫大な富が注ぎ

込まれ、金、銀などをふんだんに使用した豪華な装飾も競うように用いられる。

デザイン的特徴は、基本的にルネサンスから引き継いだギリシャ・ローマの形態であるが、ルネサンス期の直線的なラインからより曲線を意識したものとなり、柱を2本並べるダブルコラムが多く用いられるなど、より装飾性の高いデザインとなっている。ヴェルサイユ宮殿とその庭園は後期バロックの最高傑作と言われる。

ロッタの石組みをさしていた。その後1730年代に流行した曲線を多用する繊細なインテリア装飾をロカイユ装飾と呼ぶようになった。バロック様式が壮麗・重圧であるのに対して、ロココ様式は優美で軽妙、官能的な雰囲気を醸していると言われる。だが、この装飾を除くとバロックとロココの様式に明確な差異を認めることは難しく、ロココはバロックの一部として捉えられるとする見方も多い。

バロック様式 (ヴェルサイユ宮殿)

ロココ様式で知られるシェーンブルン宮殿の庭園 (ウイーン)
庭園も優美で軽妙な雰囲気を醸しているが、様式的にバロックと区別することは難しい。

・ロココ様式

ロココはフランス語のロカイユ (rocaille、岩) に由来し、バロック時代の庭園のグ

第3章

近代デザインをルーツとする
現代のデザイン

近代の扉を開いた産業革命期の動力機械、ニュー・ラナーク（イギリス）

3-1 アーツ・アンド・クラフツ運動を ルーツに持つ現代のデザイン

1 アーツ・アンド・クラフツ運動の 成立とその展開

1）アーツ・アンド・クラフツ運動の成立

イギリスで産業革命が進んだ18世紀から20世紀初頭にかけては、富を蓄えた中産階級が大量に現れた時代である。社会の主役は、徐々に王侯貴族から一般市民へと移っていく。その一方で、搾取される労働者階級も生まれ、一部の特権階級を除いて等しく低い生活水準であった市民の中に、明確な格差が生じた時代でもあった。

このような時代背景のもとに登場したのがウィリアム・モリス（William Morris、1834-1896）である（写真1）。近代デザインの起点に置かれるモリスのアーツ・アンド・クラフツ運動であるが、モリスの思想は近代が内包する進歩主義や機械工業化による効率化などとは、ことごとく相対するものであった。もともと神学を志したモリスは、中世の芸術と労働が同一次元にあった状態を理想とした。これは彼が大きな影響を受けた社会思想家ジョン・ラスキンの考えに基づくものと言われる。産業革命によって大量に生み出される当時まだ未熟な工業製品に対して、彼は痛烈な批判を浴びせ、「手工業の復権」を訴えた。

写真1　ウィリアム・モリス

モリスは1861年に友人らとモリス・マーシャル・フォークナー商会を設立し、壁面装飾をはじめとして、家具、食器に至るインテリア・デザインに取り組むことになった。彼が生活空間を「総合芸術」と捉えて取り組もうとした意気込みが伝わってくる。そして、サウス・ケンジントン博物館（現　ヴィクトリア・アンド・アルバートミュージアム）のグリーン・ダイニング・ルームの内装など、いくつかの輝かしい成功を収めた。

しかし、モリスの理想とするものは当初から多くの矛盾をはらんでいた。手仕事によって精緻につくられた手工業製品の数々は、とても高価なものとなってしまった。裕福な中産階級の人々の所有欲を満たす贅沢品となる一方で、産業革命によって生じた格差社会の底辺に置かれた工場労働者の手に渡ることはなかったのである。産業革命による格差社会を憂い、万人が享受できる美的環境を目指す意識は正しかったとしても、モリスのとった手段は、社会の現実からは大きく乖離してしまったのである。

2）アーツ・アンド・クラフツ運動のその後の展開

産業革命が起き、機械生産の工業製品が生み出された時代、工芸品と工業製品のせめぎあいは起こるべくして起こったと言えるだろう。だが、生まれたばかりの工業製品は、製造工程こそ工業的ではあったものの、その形態はまだ未熟で、工芸品を模倣しただけのものがほとんどだった。事実、工業製品に対する工芸側の攻撃は世紀をまたいで続くことになる。今日に通じる機械工業が、モリスの理想とした中世的な価値観を思想的に超えたのは、1907年ドイツ工作連盟にヘルマン・ムテジウス（Adam Gottlieb Hermann Muthesius、

1861-1927）が現れてからであった。アーツ・アンド・クラフツ運動は、その思想において近代の工業化とは相容れないものであったものの、産業革命後最初のデザイン運動として、後述するのちのアール・ヌーヴォーやゼツェッション（分離派）等に大きな影響を及ぼしたのである。

2 アーツ・アンド・クラフツ運動の歴史的なデザイン

アーツ・アンド・クラフツ運動の歴史的デザインと言えば、モリスのデザインしたテキスタイルのパターン・ワークが最も有名なものだろう（写真2）。植物や鳥をモチーフとしたこれらのデザインは、繰り返されるパターンの連続でありながら、生命感を感じさせ、人々の生活空間を質的に向上させた。

また、あらゆる工芸品の中でも書籍こそ最も理想的なものとしたモリスの考えを反映して、文字も重要なデザインの対象となった。文字のデザイン（タイポグラフィ）は15世紀に発明された活版印刷以前から写本、木版などでも高度なデザイン様式が発達し、それらにはすでに今日的なタイポグラフィの源流が見られる。印刷物のデザインは、活字そのも

写真2　ウィリアム・モリスの代表的な絵柄「いちご泥棒」

のと共にポスター、ラベル、各種カードなど印刷技術者によって行われてきた。モリスはその基礎を見直し、近代タイポグラフィの扉を開いた。この時代に言葉の視覚表現とも言える作品を世に送り出した意義は、きわめて大きいと言えよう。

近代デザインの先駆けとして位置付けられるモリスの歴史的デザインをたどると、彼が求めたのはあくまで中世の手作業によるものづくりを理想とするユートピア的な思想であったことが分かる。モリスを範とするアーツ・アンド・クラフツ運動は、やがてドイツ工作連盟に引き継がれ、近代的なデザインの萌芽へとつながっていく。モリスは、産業革命時代のデザイン黎明期から近代デザインへの重要な橋渡し的役割を果たしたと言えるだろう。

3 アーツ・アンド・クラフツ運動のデザインに通じる現代空間のデザイン

現代の空間にアーツ・アンド・クラフツ運動の痕跡を見つけることは容易とも言えるし、困難とも言える。いわゆるオーガニックデザインに用いられる様々なデザインは、アーツ・アンド・クラフツ運動のデザインに通じるものが多く、食品のパッケージや自然志向のファッション等に日常的に見かけるものである。だが、それらデザインがアーツ・アンド・クラフツ運動にルーツを持つものかというと、それらを証明するのはほとんど不可能だろう。日本では江戸時代以前から有機的なデザインは普遍的に存在したし、ヨーロッパでは古代ローマ、ポンペイ遺跡の住宅壁画にさえ認めることができるからである。その一方で、モリスの壁紙のデザインはそのまま今日でも販売されており、カーテンやソファ、衣服等、多くの布地に採用されている。最新のインテリア・デザインやファッションにそのまま取り込まれ、現在も人気は衰えていない。

近代デザインの社会的背景─19世紀前半に起こった四つの大事件

18世紀の終わりから19世紀前半の大きな変革は、現代のわれわれの生活に地続きである。次の4点はそれぞれがそれまでの世界を変える大事件であると同時に、デザインのあり方も大きく変えることとなった。

紙幅の制限で一つ一つ詳述することはできないのだが、要点のみ整理しておきたい。

1）近代都市の出現

近代都市とは、次の4条件を備えた国の都市であると言われる。

①主権国家（植民地や属国ではない独立国家であること）、②市民社会（王侯貴族が中心ではない民主的社会）、③資本主義（私有財産制、私企業、労働市場、市場原理を有する社会）、④国民国家（国民を主権者とする確定した領土を持つ国家体制）。これらが達成されることで、多くの人々が民主的な関係において集住可能になり、人々に自由で創造的な活動環境をもたらした。同時に情報へのアクセスや情報交換を促し、遠隔地との間で迅速な人・モノの搬入、搬出を可能にした。今日の私たちの生活する社会の礎が築かれたのである。

2）産業革命による大量生産

1760年代にイギリスから始まった産業革命もまた世界を変えることになる。特に本書の内容に関わる点のみ選択的に記述すると以下のようになる。

①繊維産業や製鉄業の機械化から多方面で工業化が進んだこと ⇒ アーツ・アンド・クラフツ運動を生起させ、その後の近代デザイン運動の出発点となった

②賃金労働者を生む一方で、経済格差を激しくしたこと ⇒ ユートピア的社会建設（ニュー・ラナークなど）が実践され、その精神はその後の田園都市計画に引き継がれた

③原材料供給地の植民地との関係から世界が結ばれたこと ⇒ 近代都市を支える富と共に多様な文物、数多くの植物が世界中からもたらされた

④蒸気機関により石炭の熱エネルギーを利用可能としたこと ⇒ それまでとは桁違いの動力をもたらし、物資の大量生産を可能にした

3）鉄道の発明

世界初の実用運搬走行可能な蒸気機関車は1804年にリチャード・トレビシックによって発明された。鉄道は交通革命を起こし、時間と空間（距離）の感覚を根本的に変えてしまった。ただし、鉄道の敷設には時間がかかるため、イギリスでは1830年代になって突如としてその効果が現れたと伝わる。デザインに関する情報伝達も飛躍的に早くなり、近代都市の出現と相まって、デザインが比較、競争の中に置かれることになる。

4）写真の発明

世界初の銀塩フィルムカメラ、ダゲレオタイプ・カメラは1839年にフランスの画家、ルイス・ダゲールによって発明された。写真の発明はデザインにとってはことさら大きな影響をもたらした。写真によってかたちとモノが分離され、現物がなくともモノの収集が可能になった。そして、かたちをもとにモノを大量コピーすることが可能になった。カメラの発明はかたちとモノ、そしてデザインのあり方に革命的な変化をもたらしたのである。

3-2 アール・ヌーヴォーをルーツに持つ現代のデザイン

1 アール・ヌーヴォーの成立

「新しい芸術」を意味するアール・ヌーヴォーは、日本の工芸美術や浮世絵の影響を抜きには語れない。19世紀後半にヨーロッパに大量の日本の美術品を持ち込んだのは、サミュエル・ビング（本名ジークフリート・ビング, 1838-1905）である。彼は1875年に訪日し、買い付けた大量の美術工芸品を1878年のパリ万博で展示し、大きな評判を呼んだ。ビングは1888年に月刊誌『ル・ジャポン・アルティスティック（芸術的日本）』を刊行し、この月刊誌は英独仏の3ヶ国語で36号まで刊行され、ヨーロッパの工芸界に衝撃的な影響を与えたと言われている。1895年には、当時パリよりも時代の先端を行くブリュッセルで活動していたアンリ・ヴァン・ド・ヴェルドに店舗設計を依頼し、日本美術を中心に扱う「メゾン・アール・ヌーヴォー」を開店する。アール・ヌーヴォーの名はこの店名が起源となった。その活動が頂点に達したのは1900年のパリ万博における「アール・ヌーヴォー・パビリオン」だろう。ジョルジュ・ド・フール、ウジェーヌ・ガイヤール、エドワール・コロナらの優れたデザイナーを起用して建設されたアール・ヌーヴォー・パビリオンは大成功を収め、ここに至って「アール・ヌーヴォー様式」として定着したのである。

2 アール・ヌーヴォーのその後の展開と歴史的デザイン

アール・ヌーヴォーの形態的特徴は、植物や昆虫、鳥、女性などをモチーフとした有機的な曲線の組合せであり、それ以前の様式にはとらわれない自由な造形感覚を有する装飾芸術である。また、産業革命の進展によって普及し始めた鉄やガラスといった当時の新素材を取り入れており、それらが持つ可塑性もアール・ヌーヴォーの形態的特徴に大きく寄与している。

アール・ヌーヴォーが普遍的な時代の様式となることに大きな役割を果たした人物にエクトール・ギマール（1867-1942）がいる。ギマールは世界で最初のアール・ヌーヴォー建築の成功例と言われるヴィクトール・オルタ設計のタッセル邸（ブリュッセル）を訪れ、大きな影響を受けた。その後、ビングがパリ万博でアール・ヌーヴォー・パビリオンを展開したのと同じ年に、パリ市内100箇所以上の地下鉄入口を「スティル・ヌーボー（ヌーボー様式）」でデザインした（写真1）。この印象的なデザインは、現在でもパリの都市景観を特徴付ける要素の一つとなっている。

アール・ヌーヴォーはパリだけではなく、フランス中部、ロレーヌ地方の古都ナンシーにおいても新たな展開を見せた。ナンシー派と呼ばれるこの地方のアール・ヌーヴォーの中心人物は、今日でもその作品の人気が高いエミール・ガレ（1846-1904）である。ナンシーには日本美術に精通していた日本人留学生の高島得三がおり、直接ガレに日本美術に

写真1　パリの地下鉄入口

関する指導を行ったと伝えられる。ガレがガラス工芸の制作を始めたのは1874年で、4年後の1878年のパリ万博で入賞を果たす。11年後に再び開かれた1889年のパリ万博で、エミール・ガレは300点以上のガラス器や陶器、家具を出展するのだが、この作品群には明らかなジャポニズムの影響が見られる。1878年のパリ万博において、ビングが展示した数多くの日本美術に触発されたことは、容易に想像のつくところだろう。

　ガレ以外にも、ガラス器のドーム兄弟や家具工房「メゾン・マジョレル」を開いたルイ・マジョレル（1859-1926）などの活躍により、ナンシーのアール・ヌーヴォー様式は厚みのあるものとなった。

　アール・ヌーヴォー様式はヨーロッパ各国に伝播していく。ドイツではユーゲント・シュティール（青春様式）、オーストリアのウィーンではゼツェッション（分離派）、イギリスのグラスゴーではチャールズ・レニー・マッキントッシュ（1868-1928）を中心とするグラスゴー・フォーが現れた。

　ユーゲント・シュティールは1890年代にドイツに現れた新しい芸術表現に付けられた名称である。イギリスのアーツ・アンド・クラフツ運動からはだいぶ遅れるが、1897年にミュンヘンに「手工芸芸術共同工房」が設立された際に、その工房を拠点として活動を行った。のちにバウハウスやル・コルビュジエら近代主義者の礎となるドイツ工作連盟のペーター・ベーレンスやブルーノ・タウトも、この時期ユーゲント・シュティールの画家・工芸家として参加していたことは興味深い。

　オーストリアの分離派が結成されたのも1897年で、その名の通り過去の様式からの分離を画策した。分離派の初代会長は画家の

写真2　ウィーン分離派会館

写真3　ゼツェッションの傑作、シュタインホーフ教会

写真4　ウィーン工房のデザインの名手、コロマン・モーザーが手掛けたシュタインホーフ教会の祭壇

写真5　シュタインホーフ教会の照明　　写真6　グラスゴー美術学校のファサードとドアのデザイン

グスタフ・クリムト（1862-1918）である。分離派という名称を有する運動体であるにもかかわらず、前時代的な芸術家がその代表に就いている。拠点となったヨーゼフ・マリア・オルブリヒ設計の分離派会館（写真2）の建築様式にも見るように、合理と非合理が混在することが分離派の特徴とも言えるだろう（写真3〜5）。この独特なスタイルによって名を成したオルブリヒはドイツに招かれ、ユーゲント・シュティールの形成にも大きな影響を与えることになった。

　グラスゴー・フォーはグラスゴー美術学校出身の4人組を中心に結成されたグループである。彼らが注目されたのは1896年に行われた母校の改築コンペに入賞して以降である（写真6）。同年にロンドンのアーツ・アンド・クラフツ展示協会展に作品を送り込むと激しい拒絶反応にあい、以降出展が認められないという状態となる。その一方で1897年に結成されたウィーン分離派からは熱狂的に迎えられ、活躍の場をヨーロッパ大陸に広げていくことになった。彼らのデザインは、彼らの存在を分離派に知らしめることになる『ストゥディオ』誌を通して、オーブリー・ビアズリー（1872-1898）と日本の工芸美術から大きな影響を受けていたことが知られている。中心人物のC.R.マッキントッシュのデザインが、当初の装飾過剰なものから禁欲的で近代感覚

に合致したものに大きく変質したことも、このグループが長く影響を保持できた理由であろう。ただし、この後半の形態は一般的なアール・ヌーヴォーの範ちゅうには入らないと見るのが自然であろう。

　なお、イタリアのアール・ヌーヴォーであるリバティ様式は、北イタリアを中心に流行を見るが、国際的な影響や後代への発展は見られなかったため記述を省略する。

　アール・ヌーヴォー様式は19世紀末から20世紀の初めに日本にも流入した。最も有名なものの一つに与謝野晶子の『みだれ髪』の装丁（写真7）がある。当時日本の洋画壇の中心的存在であった藤島武二によるもので、与謝野晶子の情熱的な詩と共に時代を先取りするものであった。

写真7　『みだれ髪』装丁

3 アール・ヌーヴォーのデザインに通じる現代空間のデザイン

アール・ヌーヴォー様式を用いたデザインは、日常空間の中で頻繁に目にすることができる。傘立てやベンチなどの比較的小さなものから、商業施設のエントランスのような大きなものまで、様々なレベルで認められる。なぜこれほどまでに現代の日本の都市空間に存在するのだろうか。

第1には、西洋風の洒落たイメージを比較的容易に持ち込めるということがある。小さな看板や照明器具、家具などに用いることで、手軽に洋風な感じを演出できる。

第2には、製作が比較的容易で、かつ安価にできるということがある。一部のガラス製品を除けば、そのほとんどは金属製であり、現代の加工技術をもってすれば、工場での大量生産も難しくない。

第3には、もともとジャポニズムにルーツを持つデザインということもあり、日本人の感性に馴染みやすいということがあげられよう。与謝野晶子の『みだれ髪』の装丁を見ても、曲線的な草書体は完全にアール・ヌーヴォー様式の延長のように見える。

第4には、レトロモダンな懐かしい感じを有し、幅広い年齢層の人々に受け入れられやすいということがある。アール・ヌーヴォー様式がヨーロッパを席巻したのは19世紀末であるが、日本にもほとんど遅れることなく流入した。当時としては、きわめてスキャンダラスな問題作であった与謝野晶子の『みだれ髪』や、彼女の略奪婚をめぐるゴシップ記事と共に、多くの人の目に触れたのではないだろうか。さらに、大正時代の自由な空気と共に多くの一般市民の間に浸透したアール・ヌーヴォーは、ヨーロッパ以上にしっかり根付いたと言えるかもしれない。

さて、現代の都市空間に見るアール・ヌーヴォー様式であるが、既述の通り非常に多くのところで目にする。写真8は一般住宅の照明デザインである。かつて卓上照明器具として使用されたデザインをアレンジしたもののように見える。戸建住宅のみならず、商店街の街灯などにもアール・ヌーヴォー様式が使われている例は非常に多い。

写真9は商店の店先に置かれた傘立てである。見ての通り典型的なアール・ヌーヴォー様式のデザインである。植物模様は本物の植物とも相性が良いように見える。

写真10は門扉である。市街地でデザイン・サーヴェイを行うと、アール・ヌーヴォー様式は門扉での使用例が最も多い。このような門扉は、住宅街を歩くと数多く目にすることができる。住宅建材メーカーのカタログにも多くのアール・ヌーヴォースタイルの建具などが掲載されており、一つの様式として完全に定着していることが分かる。

一方、写真11は有機的なアール・ヌーヴォーのデザインを活かしつつ、独自に恐竜の図柄を合わせた遊び心のある門扉である。ア

写真8 住宅の照明

写真9 傘立て

写真10 門扉

写真11 門扉

ール・ヌーヴォーの曲線的な渦巻き模様が、ジュラ紀のシダ植物のようにも見えるのが面白い。

　ベンチや椅子もアール・ヌーヴォー様式が多用されるものの一つである。写真12はアール・ヌーヴォー様式のベンチである。アール・ヌーヴォー様式を用いたベンチは非常に多く、数の多さでは門扉に次いでよく見られる。強度的な配慮から鋳造でつくられるものが多い。写真のように全体がアール・ヌーヴォー様式で制作されるものはむしろ少なく、直接体に触れる座面には木材を用いる場合が多い。写真13はアール・ヌーヴォー風の椅子で、デザインそのものはアール・ヌーヴォーよりも先に人気を博したトーネット（ミヒャエル・トーネット、1796-1871）の曲木の椅子（1836年）にオリジナルのかたちを認めるこ

とができる。ちなみにトーネットの代表作である『14』は19世紀のヨーロッパで5000万脚も生産された大ベストセラー商品であり、今日まで生産が続いている。

　アール・ヌーヴォー様式はエントランスを飾る装飾として用いられることも多い。

　写真14は複合施設のエントランスであるが、本家パリのエクトール・ギマールの地下鉄エントランスのデザインを大きく超えた規模でつくられている。これだけ大規模につくられていながらデザイン的な破綻はない。

　ここまで見た通り、アール・ヌーヴォー様式のデザインは日本の都市空間に非常に多く取り入れられていることが分かる。そのデザインの意味を理解し、意識して用いることで美しいまちなみ形成にも寄与することだろう。

写真12　ベンチ

写真13　椅子

写真14　複合施設のエントランスの装飾

近代デザインに大きな影響を与えた博覧会

1851年に世界初の国際博覧会（万国博覧会）がロンドンで開かれた。世界に先駆けて産業革命を成功させたイギリスが、芸術と工業振興のための一大イベントとして開催したもので、世界中の文物が展示された。会場として建設された水晶宮（クリスタルパレス）は、ジョセフ・パクストン（1803-1865）のデザインであり、「水晶宮博覧会」と呼ばれるほどの大成功を収めた。

パクストンは造園家であり、温室の設計を手掛けていた。その経験が長さ563メートル、幅124メートルの巨大な建造物をわずか9ヶ月（6ヶ月、10ヶ月など諸説あり）という短い工事期間で完成させるという、当時としては驚異的な偉業を成し遂げたのであった。水晶宮はまた、部材をあらかじめ工場で生産するという、プレファブリケーションの先駆けとしても重要な位置付けにある。

水晶宮と並んで大きなインパクトを与えた国際博覧会の建造物に、フランス革命100周年を記念して1889年開催のパリ万博で建造されたエッフェル塔がある。当時、橋梁建設において高い評価を得ていたエッフェル社のモーリス・ケクラン（1856-1946）らによって、1884年にデザイン案が作成された。その後、1886年に万博施設のコンペが実施されると、エッフェル社の社長であるギュスターフ・エッフェルはケクランらと共に計画案を提出し、実施案に採択された。

建設当初のエッフェル塔は、文化人らから激しい非難を浴びた。それでもパリ万博が開幕すると世界中から人々が押し寄せた。開幕当初、まだエレベータが未完成だったため、エレベータ完成までの9日間に約3万人もの人々が1,710段の階段を上ったとの記録がある。エッフェル塔は、その後の取り壊しの危機も乗り越え、パリになくてはならないシンボルになっている。

デザインの歴史から見た博覧会の影響は、デザインに競争をもたらしたことである。1760年代にイギリスで始まった産業革命は、1840年代には西ヨーロッパ各国に及び、各国間の競争も始まっていた。世界初の万博の展示品は、工業技術への期待が大きかったにもかかわらず、展示されたものの多くは、装飾過多で工業製品というよりは工芸品であったと言われる。

一方、パリ万博は日本との関わりが深い。日本が初めて国際博覧会に参加したのは1867年のパリ万博である。日本国内がまだまだ不安定な時期であったのにもかかわらず幕府と薩摩・佐賀両藩がそれぞれの思惑から、文字通り呉越同舟のかたちでの参加となった。展示では幕府が巨費を投じて制作した武者人形や、江戸商人が連れてきた3人の芸者がパリっ子の人気を集めた。薩摩の精緻な薩摩焼や絹製品も大変評価が高く、日本文化の世界デビューを飾ったと伝わる。その後、1878年のパリ万博での日本の展示は、世紀末にジャポニズムを世界に広める大きな役割を果たした。さらに1900年のパリ万博では、一部の日本の展示品が酷評を受けたことから、日本政府が近代デザイン振興に本腰を入れる契機になったと伝えられる。

3-3 ドイツ工作連盟をルーツに持つ 現代のデザイン

1 ドイツ工作連盟の成立

　ウィリアム・モリスのアーツ・アンド・クラフツ運動から始まった近代工業と芸術の相克は、結局のところ互いに相容れないまま次の時代に持ち越される。20世紀初頭のドイツにおいて、アルゲマイネ電気会社（AEG）で芸術顧問となったペーター・ベーレンス（1868-1940）の活動は、工業と芸術、とりわけモリス的な手作業から次の時代のインダストリアル・デザインへの下地をつくったと言える（写真1）。ベーレンスの設計したAEGのタービン工場は初期のモダニズム建築の代表作と見なされ、電気ケトルや電灯のデザインにもそれ

写真1　ペーター・ベーレンス

写真2　ヘルマン・ムテジウス

までの工業製品とは異なる傾向を認めることができる。

　一方、モリス的な工芸の世界から発して、工業の近代化にアプローチしたのはヘルマン・ムテジウス（1861-1927）であった（写真2）。彼はイギリスで工芸運動の研究を行った後、「工芸の意義」についての講演を行い、「精神的、物的、社会的諸条件のあらわれとしての形態」の創造について説いた。彼は近代産業にとって欠かせない概念である規格化（標準化）の導入を進めたのだが、この規格化の概念は芸術の側からはとりわけ大きな抵抗にあう。ムテジウスは「ドイツ芸術の敵」として激しい非難にさらされる一方、製造業者の中には彼を支持する人々も現れた。このような時代背景の中で、1907年10月にミュンヘンでドイツ工作連盟（ヴェルクブントとも呼ばれる）が結成される。

　ドイツ工作連盟の初期における重要な見解の一つは、モリスがかつて憧れた中世的な生産、つまり製品を考える者とつくる者が同一人物であること（今日の工芸作家のようなイメージ）を造形家と労働者の二人の異なる人物に分けるべきであると表明したことである。すなわち、これは工業製品の生産において、インダストリアル・デザイナーと工場労働者に分けることを意味する。

　「ムテジウス問題」、つまり工業製品の規格化・標準化については、ドイツ工作連盟の中心的な人物であったヴァン・デ・ヴェルデ（1863-1957）やブルーノ・タウト（1880-1938）までもが反対の側に回った。だが、ムテジウスは自身の立場を変えることはなかった。ドイツ工作連盟の影響は1913年には早くも周辺国に現れている。この年にはオーストリアとスイスにヴェルクブントが結成され、

さらに1915年にはイギリスに産業デザイン協会が設立された。

　ムテジウス問題の最終的な決着を見ぬ間に、ヨーロッパは第一次世界大戦の時代へと突入する。高度な規格化のもとに大量生産が求められる武器の生産においては、もはやモリス的なユートピア的世界は吹き飛び、時代は否応なしに規格化、標準化されたインダストリアル・デザインの世界へと突き進むことになったのである。

写真4　AEG社のケトル

の工業製品（写真4のケトルなど）とのデザイン的共通性も確かに確認することができる。この標準化の概念は、やがてドイツ工作連盟を支える哲学の基礎となる。

❷ ドイツ工作連盟の歴史的なデザイン

　ベーレンスはAEGの芸術顧問として力を発揮した。彼はAEGに関わるすべてのデザインに統一したイメージを与えようとした。CI(コーポレート・アイデンティティ)が企業のブランディングに重要であると考えられるようになったのは1960年代のアメリカからであるが、すでに半世紀以上も前に実践されていたことは驚きである。

　当初、工業製品のみを対象とした「低価格で高品質なものを提供するための標準化」の考えは、その後、建築にももたらされる。ベーレンスのAEGタービン工場（写真3）は、古典建築の雰囲気を残しながらもガラスのカーテンウォールで覆われた歴史的に重要な建造物とされる。機能性を重視した形態や、規則的な面の繰り返しで構成される点など、AEG社

❸ ドイツ工作連盟のデザインに通じる現代空間のデザイン

　現代の空間において、ドイツ工作連盟のデザインを起源としているものを見出すのは困難である。アーツ・アンド・クラフツ運動のテキスタイル・パターンやアール・ヌーヴォーの有機的自由曲線のような、分かりやすい特徴を持たないからである。

　だが、現代の生活環境中にあるほとんどすべての工業製品が規格化されたものであることを考えれば、それらはすべてドイツ工作連盟の標準化の哲学の延長線上にあるとも言えるだろう。その意味でドイツ工作連盟がデザインの世界に果たした役割は、きわめて大きい。

写真3　ペーター・ベーレンス設計のAEGタービン工場

3-4 バウハウスをルーツに持つ現代のデザイン

　バウハウスは、伝統的芸術と近代的工業の相克を乗り越え、初めてモダンデザインの枠組みをつくった教育機関である。バウハウスが生み出したデザインは、工業デザイン、建築デザインを中心として、現在の日常空間における多様なデザインの出発点になっているものが多い。その成立から終焉までの概要を、時系列に沿って少し詳しく見てみよう。なお、バウハウスは時代的変遷により表現を大きく変えていくため、それぞれの時代とデザインを併記することとした。

1 バウハウスの成立から終焉まで──代表的デザインとあわせて

1）ワイマール時代のバウハウス

　1919年春、ドイツ帝国の崩壊後にできたワイマール共和国[★1]は、当時世界で最も民主的と言われたワイマール憲法の制定をもって建国された。同じ年、この新しく自由な空気をまとった国にバウハウス（国立バウハウス・ワイマール）は創設された。

　バウハウスを創設した建築家のヴァルター・グロピウス（Walter Adolph Georg Gropius、1883-1969）は、学校教育という共同体を通じて、芸術の側から近代工業化社会の課題を解決する

ことを目指した（写真1）。だが、設立当初と1922年以降とでは、グロピウスのデザイン思想は大きく異なっている。設立当初のグロピウスは、アーツ・アンド・クラフツ運動のモリスと同様のロマン主義的な手工業による生産活動を目指しており、芸術と近代工業を結び付ける新しい時代に適合したデザインの姿は示されていない。ドイツ工作連盟でムテジウスを中心に激しい議論がかわされたデザインの規格化、標準化に即した表現が現れるまでにも時間を要している。その理由は、ドイツが被った甚大な敗戦の痛手と、新しい国づくりの理想に向かう社会の中で、ユートピア的な思考のほうが勝ったためであろうと考えられる。

　初期のバウハウスで興味深いのは、当時第一線で活動していた前衛芸術家たちが教育プロジェクトに参加したことである。これは初代校長のグロピウスがアカデミズムの旧弊を破り、実験精神にあふれた人物を求めたからであると言われる。最初に招聘されたのは、ヨ

写真1　ヴァルター・グロピウス

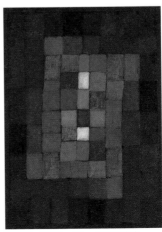

写真2　パウル・クレーの色面構成

ハネス・イッテン、ライオネル・ファイニンガー、ゲルハルト・マルクスの3人であった。その後1921年にパウル・クレー（写真2）らが、1922年にワシリー・カンディンスキーらが、そして1923年にはモホリ＝ナギが招かれた。

草創期の教育をリードしたのはヨハネス・イッテン（1888-1967）である。彼の教育方法はそれまでの模写から始まるアカデミックな方法とは全く異なるもので、学生たちの想像力を解放し、造形の根本原理を体得させようとしたものであった。授業の前にはゾロアスター教に基づく体操や呼吸法を取り入れるなど、イッテンの神秘主義的な思想を背景とした教育が実践された。このようなイッテンの教育方針は個人の内面的な精神の解放を目指したものであり、グロピウスが目指した造形の総合とは方向性が異なっていた。

1922年に入り、グロピウスはバウハウスにおける最初の大きな方針転換を打ち出す。そこでは芸術と機械生産を結び付けるという、ドイツ工作連盟のムテジウスに通じる工業製品の本質的な意義を重視する姿勢が表明された。1923年に行われた初のバウハウス公開展のテーマは「芸術と技術・新しい統合」というものであった。この公開展の前に神秘主義的なイッテンらは解雇され、バウハウスを去ることになった。

2）デッサウ時代のバウハウス

イッテンに代わってバウハウスの教育をリードしたのはハンガリー出身のモホリ＝ナギ（1895-1946）であり、バウハウス公開展以降のグロピウスの理念を推進していく。1925年にワイマール国立バウハウスが廃校になり、デッサウに移って市立バウハウスとして再出発を図ることになる。近代建築の記念碑的作品と言われるグロピウスの校舎（写真3、4）を得て、いよいよ芸術と機械工業生産との統合が目に見えるかたちで提示されるようになる。モホリ＝ナギのもと、当初手工芸を目指していたバウハウスの工房は、インダストリアル・デザインの開発工房へと変貌する。ここで制作されたプロトタイプは外部の企業によって生産、販売されて成果を収めた。今日でも容易に入手可能なマルセル・ブロイヤーのパイプ椅子（写真5）、ヴェルヘルム・ヴァーゲンフェルトのデスクライト（写真6）やティーポットなどもこの時代に製作されたものである。タイポグラフィー、写真などの視覚伝達デザインにも大きな業績を残すが、その数は膨大であるため詳細はインターネットなどで確認いただきたい。

芸術と機械産業の結合という課題が実現し、デザインが具現化されるに及び、グロピウスはみずからの建築活動に専念したいという理由で1928年にバウハウスを去る。同時

写真3　バウハウス校舎（ヴァルター・グロピウス設計、デッサウ）
バウハウスの記念碑的建築。1932年に閉鎖されたが、1999年に21世紀のバウハウスとして再開された。

写真4　バウハウス校舎のインテリア

期にモホリ＝ナギ、ブロイヤーもバウハウスを去った。

3）バウハウスの終焉とその後

グロピウスの跡を継いで校長に就任したのはスイス、バーゼル出身の建築家、ハンネス・マイヤー（1889-1954）である。マイヤーは校長に就任するとただちに建築教育の科学的体系化と組織全体の再編を行い、徹底した構造改革を断行した。マイヤーの時代には、単に芸術と工業を結び付けるのではなく、デザインのプロセスに社会的、科学的な基準を組み入れた。これらの観点は今日でもデザインを考えるうえできわめて重要な課題であるのだが、今日に至るまで、マイヤーの業績についての十分な検証は行われていない。マイヤーは純然たる共産主義者であったことから、わずか2年で市当局から退職を命じられ、ソヴィエト連邦に亡命することになった。

バウハウス末期の1930年に校長に就任したのはルードヴィヒ・ミース・ファン・デル・ローエ（Ludwig Mies van der Rohe、1886-1969）である。ミースの時代は「建築学校時代」と呼ばれるほどに、建築教育が中心となる。だが、1932年にデッサウのバウハウス校はナチスの政治的圧力によって閉校となる。ベルリンに移転して私立学校となったものの、翌年の1933年にはナチスによって完全に閉鎖されてしまう。グロピウスをはじめ、ミース、モホリ＝ナギ、ブロイヤーらはナチスの弾圧を逃れてアメリカに亡命することとなった。

1937年にモホリ＝ナギはシカゴにニュー・バウハウスを設立する。その後、紆余曲折を経て、モホリ＝ナギの教育体系はイリノイ工科大学に引き継がれた。一方、本家のドイツでは、東西ドイツ再統一後の1996年に、ワイマール校舎はバウハウス大学として復活した。さらに、デッサウでは1999年にバウハウス・デッサウ財団がバウハウス・コレーグを立ち上げ、21世紀のバウハウスを目指して活動している。

2 バウハウスのデザインに通じる現代空間のデザイン

今日、私たちの生活空間を構成する多くのデザインが、そのルーツをたどればバウハウス的な思考につながるのではないだろうか。一般的にバウハウス的デザインと言えば、機能的でシンプル、虚飾を排したグッド・デザインという印象だろう。金属のドアノブや蛇口、筆記用具やデスクライトなど、バウハウスに遡れるように見えるデザインは現代の生活空間にあふれている。

現代の空間でバウハウスのデザインを探すと次の三つのカテゴリーが存在することに気付く。

一つ目は、第二次世界大戦以前のバウハウスの管理下において実際にデザインされたも

写真5　マルセル・ブロイヤーがデザインしたパイプ椅子

写真6　ヴェルヘルム・ヴァーゲンフェルトがデザインしたデスクライト

の、あるいは全く同じデザインで戦後にリバイバル生産されたものである。先のブロイヤーのパイプ椅子やミースのバルセロナ・チェア（写真7）などは、現代のオフィス空間などで目にすることが珍しくない。いわゆる「ジェネリック・プロダクト★²」が増えたことも、これらのデザインが日常的に見られる背景になっている。また、ヴァーゲンフェルトがデザインしたデスクライトは、現在でも生産され続けているが、Kandem571デスクライト（写真8）のようにかつて生産された製品がヴィンテージ品として流通しているものも少なくない。いずれにせよ大量生産に適した良質なデザインとして、バウハウスのデザインは今日でも支持されていることが分かる。

　二つ目は、バウハウスのデザインを踏襲していることをうたった戦後のデザインである。ユンカースは1997年にポインテック社から発売された時計のブランドであるが、製造する時計の文字盤に「ユンカース　バウハウス」と刻印されている通り（写真9）、バウハウスのデザインとの関係を類推させるものとなっている。実際には、デッサウにバウハウスが移転した際に、ユンカース社の創業者が同じ街で工場を経営しており、バウハウスに資金援助をしたことがあることから、ユンカースの名を冠した時計にバウハウス的デザインを採用したものであるらしい。

　ラミーのシャープペンシル（写真10）もバウハウス的なデザインとして有名な製品である。ラミー社は1930年の創業だが、1962年に社長になった創業者の息子、マンフレート・ラミーが他社との差別化を図るために「形は機能に従う」というバウハウスのコンセプトを掲げ、製品づくりを行った。バウハウスの影響を受けたゲルト・アルフレッド・ミュラーによるシャープペンシル、ラミー2000が大ヒットし、同社のアイコン的製品となっている。ポインテック社もラミー社も直接バウハウスに関わったデザイナーがいたわけではないのだが、その形態は確かに機能的かつシンプルでバウハウスを感じさせるものとなっている。

　三つ目は、直接的にバウハウスのデザインであることはうたっていないものの、その遺伝子を内包すると感じられるデザインである。これは現代の生活空間を見渡せばいくらでも

写真8　Kandem571 デスクライト

写真7　ミース・ファン・デル・ローエがデザインした
　　　　バルセロナ・チェア

写真9　ユンカースの腕時計

見つけることが可能であるように思われる（写真11）。無駄のないシンプルで機能的なデザイン形態であり、素材的な合理性があれば「バウハウス的」と感じられてしまう。その背景には、戦後通商産業省（現経済産業省）が推し進めてきた日本のグッド・デザイン（通産省により1957年に設立されたGマーク制度によるデザイン）が、ニューヨーク近代美術館（MoMA）を中心とするグッド・デザイン運動（次章で詳述）の影響を強く受けていたこと、そしてそのMoMAのグッド・デザイン運動が、バウハウスの機能主義デザインを引き継いだものであったことにつながっている。バウハウスのデザインは、私たちが生活する現代の空間に深く浸透していると言えるだろう。

写真10　ラミー社のシャープペンシル

写真11　筆者自室のドアノブ（製造元不明）

注釈

★1　ワイマール（Weimar）はドイツ語の発音に近い「ヴァイマル」と表記される他、ヴァイマール、ワイマー、ウァイマーなどと表記される。ここでは慣用的によく用いられる「ワイマール」を用いる。

★2　デザイナーズ家具など生産権を有さないメーカーが、その家具の意匠権の期限が切れた後にレプリカとして製造すること。現在は東南アジアなど生産コストの安い国で大量に生産されるため、以前よりも格段に安価な値段で入手可能になった。リプロダクト製品と呼ばれることもある。

1 デ・ステイルの成立

デ・ステイルは1917年にオランダのライデンに集結したメンバーによって行われた近代デザイン運動の一つである。デ・ステイルとは「様式」の意味で、英語のスタイル（The Style）に相当する。ここで最初に使われた「様式」とは、この運動の中心的な人物である画家のピエト・モンドリアン（1872-1944）が主導する新造形主義のことをさしている（写真1）。モンドリアンは当初キュビズム（立体派）の影響を受けた画家であったが、対象物の本質のみを求めて純化を重ねることにより、水平垂直の線と三原色（＋無彩色）の構成に至った（写真2〜5）。モンドリアンは、この過程で個人的な恣意性を排し、普遍的な調和に至ることを示そうとした。

デ・ステイルを実質的にリードしたのはテオ・ファン・ドースブルフ（1883-1931）である。集結したメンバーには、モンドリアンの他、集合住宅の設計で名高い建築家のヤコブス・ヨハネス・ピーテル・アウト（1890-1963）、デ・ステイルを象徴するデザインとなった「レッド・アンド・ブルー・チェア」を設計したヘリット・トーマス・リートフェルト

（1888-1964）らがいた。また、やや遅れて1923年には都市計画家のコルネリウス・ファン・エーステレン（1897-1988）が加わった。彼はデ・ステイルの原則を都市計画のレベルにまで拡大し、その後1929年から1960年までの長期にわたってアムステルダムの都市計画を策定する任に就いた。

T.F.ドースブルフは精力的に機関誌『デ・ステイル』の編集発行を行い、この機関誌を通して彼らの考えを発信するのみならず、イタリア未来派、ロシア構成主義のメンバーらとも交流した。ドースブルフはさらに開校当初表現主義に偏っていたバウハウスを挑発すべく、バウハウスのあるワイマールでデ・ステイルを含むヨーロッパの構成主義者を集めた会議などを行っている。彼の活動はバウハウスに多大な影響を与え、その後のバウハウスの変質に大きく寄与している。

T.F.ドースブルフはストラスブールのカフェ・オーベットのインテリアを設計し、実作の面でもデ・ステイルの新たな可能性を示したのだが、彼の活動は1931年に彼自身の死によって突然終焉を迎える。その後、ドースブルフを失ったデ・ステイルはグループとしてまとまることができなくなる。だが、機関誌

写真1　ピエト・モンドリアン

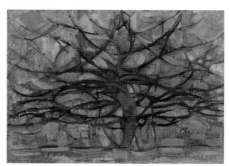

写真2　「りんごの木」の連作前期（『灰色の木』）

『デ・ステイル』で度々表明されたマニフェストは次第に具体性を持った提言となり、ドースブルフのエレメンタリズム（要素主義）は近代デザインに確かな一側面を加えることになった。

2 デ・ステイルの歴史的なデザイン

　デ・ステイルの歴史的デザインとしては、既出のモンドリアンの水平垂直の線と三原色＋無彩色による平面構成が最もよく知られたものであろう。そして、その平面構成をベースとして三次元化したものが、リートフェルトの椅子（レッド・アンド・ブルー・チェア）と、同じくリートフェルトがデザインした住宅、シュレーダー邸である（写真6、7）。印象深いこれらのデザインは、デ・ステイルのアイコンであるとともに、今日まで繰り返し用いられる普遍的なデザインのパターンとなっている。

3 デ・ステイルのデザインに通じる 現代空間のデザイン

　モンドリアンやリートフェルトを想起させるデ・ステイルのデザインは、今日の都市空間でも数多く見ることができる。平面的なディスプレイから建築物まで、ルーツとなった元のイメージを大きく崩さないかたちのままに使用されることも特徴である。19世紀末のアール・ヌーヴォーからの装飾性を引き継ぐアール・デコを除くと、20世紀に現れた近代デザイン

の中では、デ・ステイルだけが有する特徴であろう。

　写真8は株式会社オープンハウスの企業マークで、テレビコマーシャルなどでもよく目にするものの一つだろう。ひと目で分かるモンドリアンのコンポジションである。左側に付いた黒いドアを除くと、モンドリアンそのものといったデザインである。

　写真9はファサードをモンドリアン風のデザインにした住居兼クリニックの建物である。リートフェルトがモンドリアンのコンポジションを三次元に展開するにあたっては、一旦色面構成の要素を分解してから立体的に再構成しているように見えるのだが、この建物では平面的なコンポジションをそのままファサードに当てはめている。よく見ると建物の後方はファサードとは全く異なる和風の木造住宅であり、いわゆる「看板建築（143ページ参照）」であることが分かる。看板とはもともと二次元のディスプレイであるので、モンドリアンの平面的なコンポジションをそのまま当てはめることが可能である。さらに仔細に見ると、初めからモンドリアン風のデザインで設計されたのではなく、古い看板建築をほぼ外壁塗装のみでモンドリアン風に仕立てていることが分かる。ペイントされる前の姿は、モンドリアン風のデザインをまとうことで一気にモダンなイメージを獲得したことだろう。窓枠やドアを色面構成のコンポジションの要素として

写真3　「りんごの木」の連作後期（『灰色の木』）

写真4　コンポジション（前期）

利用していることもユニークであり、広告塔として目立つことには大変成功している。看板建築にモンドリアンのコンポジションを当てはめたアイデアには、感嘆するばかりである。一方で、「景観は公共物である」という観点

に合致しているかどうか、考える契機を与えてくれる建物でもある。

写真10は派出所の建物である。写真からも分かる通り、リートフェルトのシュレーダー邸にインスパイアされたような形態をしている。全国の派出所のデザインについて十分な情報を得たわけではないのだが、首都圏の派出所にはデ・ステイルのようなデザインが多

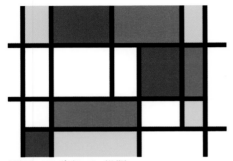
写真5　コンポジション（後期）

写真6　レッド・アンド・ブルー・チェア

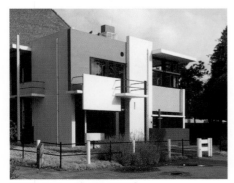
写真7　シュレーダー邸（オランダ）

好立地、ぞくぞく。

OPEN HOUSE
写真8　モンドリアン風の企業マーク

写真9　モンドリアン風の看板建築

写真10　デ・ステイル風の派出所

い。しかも、わずかばかり日本的な要素を加えていることも少なくなく、写真の派出所も障子の丸窓のような意匠を有している。絵画やデザイン形態のミニマリズムをめざしたデ・ステイルと、もともと禁欲的でミニマリズムな日本的形態は、相性が良いのかもしれない。建具の広告を見ると、和風の丸窓の中に「モンドリアン・スタイル」と銘打ってモンドリアンのコンポジションを組み入れたものなども見られる。

最後の**写真11**は、低層のアパート建築である。本物のシュレーダー邸以上にモンドリアンのコンポジションを取り入れたデザインが採用されている。先の**写真9**の看板建築とは異なり、建物のすべての面について立体的にコンポジションが展開されている。感心させられるのは、安価なプレファブリケーション（パネル工法）とデ・ステイルのデザインとの相性の良さである。シュレーダー邸は世界遺産に登録された建築であるのだが、外観上は、両者を並べてみても、さほど見劣りしないのではないだろうか。「コピー商品」のような後ろめたさは否めなく、また、周辺のまちなみとの調和という点でも一定の考慮は必要となるだろうが、抗し難い面白さがある。

写真11　デ・ステイル風アパート建築
リートフェルトのシュレーダー邸風だが、色面構成はモンドリアンのコンポジションをよりダイレクトに用いている。

注釈

★ 1　デ・ステイルをさす日本語は、デ・スティル、デ・ステルなど複数見られる。本来のオランダ語の「De Stiji」をオランダ人の発音で聴くと、「テ」にアクセントを置いた「デ・ステル」あるいは短い長音の「デ・ステール」に聴こえる。本文では一番使用頻度の高い「デ・ステイル」を用いることとした。

3-6 ロシア構成主義をルーツに持つ 現代のデザイン

1 ロシア構成主義の成立から終焉まで ─代表的デザインとあわせて

　ロシア構成主義（ルシアン・アヴァンギャルド）は、数ある20世紀初頭の近代デザイン運動の中でも最も過激で、最も魅力的な内容を持つものと位置付けられている。バウハウスの項目と同様、成立から終焉までを代表的作品と共に見ていこう。

1）ロシア構成主義の成立

　ロシア構成主義の出発点は、1915年12月にペトログラードで開かれた「0、10」展である。この展覧会では当時最先端のキュビズムをも一気に超えた、新しい地平に立つ芸術作品が示された。中でもカジミール・マレーヴィッチ（1879-1935）による「黒の正方形」は、「0、10」展の原点に位置付けられるものである[★1]（写真1、2）。マレーヴィッチはこの黒の正方形を「至高の精神（シュプレーム）」としたことから、のちに彼の思想は「シュプレマティズム（至高主義）」と呼ばれるようになる。その一方、同じ「0、10」に展示されたウラジーミル・タトリン（Vladimir Yevgrafovich Tatlin、1885-1935）の作品は「現実空間に、現実素材を」という現実空間を正面から捉えたカウンター・レリーフ[★2]と呼ばれるもので、マレーヴィッチの精神性とは対極にある新しい空間概念を示すものであった。

　新生ソヴィエトの近代デザインは、この二人を両極としつつ時代の先端を突き進む。そして、両者共にダダイスト[★3]的な前衛主義を内包していることが特徴であった。そのため同時代のバウハウスのような予定調和的な着地点が予測不能なままに突き進んでいく。ロシア構成主義には21世紀のわれわれから見ても古さを感じさせない表現があふれ、現在と隣接した位置にその成果を見ることができ

るのである。

　ロシア構成主義にはいくつかの組織名が出てくるので、簡単に整理しておく。「イゾ（教育人民委員会造形芸術部門）」は1918年初めに設立された革命後の美術運動を推進する組織である。1920年4月にはこのイゾによって「インフク（芸術文化研究所）」が設立され、同じ年の12月には「ヴフテマス（高等芸術技術工房）」が設立される。このヴフテマスは1919年にドイツで設立されたバウハウスに匹敵すると見なされるが、当時まだ表現主義的段階

写真1　カジミール・マレーヴィッチ

写真2　「黒の正方形」

にあったバウハウスよりも、数段階先を進んでいたと言える。

2）ロシア構成主義の進展

1918年にマレーヴィッチが発表した「白の上の白の正方形」と1920年にタトリンが発表した「第三インターナショナル記念塔」（写真3）は、それぞれロシア構成主義の精神性と物質性を示す歴史的作品となった。この二人に続くのが、ヴィテブスク（現ベラルーシ）の美術学校の校長を務めていたマルク・シャガール（1887-1985）の助手として招かれたエル・リシツキー（El Lissitzky、1890-1941）であった。

シャガールは活動の拠点であったパリから故郷のヴィテブスクに帰って美術学校の長に就いたのだが、彼の牧歌的な作風はこの時代のロシアには全く似つかわしくないものだった。マレーヴィッチにその地位を明け渡した後、リシツキーはマレーヴィッチからロシア構成主義の洗礼を受け、瞬く間にその中心的な存在となっていく（写真4）。マレーヴィッチはロシア構成主義の精神性の象徴のような存在だが、リシツキーはマレーヴィッチとタトリンの間を埋めるように、建築から視覚芸術、文学に至るまで、非常に多面的な活動を進めることになった。

さらにもう一人、リシツキーと同様に幅広い領域でロシア構成主義の可能性を示したのがアレクサンドル・ロトチェンコ（Aleksander Rodchenko、1891-1956）だった。彼のポスターに見るフォトモンタージュ、吹き出しの言葉、赤色の多用、斜めの線は、そのまま典型的なロシア構成主義のイメージとして現代の視覚芸術にも引き継がれている（写真5）。

彼のグループにいたアレクサンドル・ヴェスニンとその兄、レオニード、ヴィクトルの3兄弟は、建築、都市計画の分野で数多くの計画案を発表した。彼らの建築は社会学と地域計画からのアプローチで知られ、レニングラードのプラウダ本社コンペ案は、ロシア構成

主義建築のシンボルとなる。

ワルワーラ・ステパーノヴァ、リュポーフィ・ポポーヴァ、アレクサンドラ・エクステルの3人の女性が主要なメンバーであった意味も大きい。彼女たちはテキスタイル・デザインなどにより、日常世界に構成主義の実験と実践を持ち込んだ。この時代の近代デザイン運動の中で女性が主要なプレーヤーを演じたのはロシア構成主義だけであった。これらのこともロシア構成主義がいかに先進的な運動であったかを示している。

3）ロシア構成主義の終焉

ヴフテマスはグラフィック、絵画、テキスタイル、彫刻、陶器、木工、金工、建築の部門で構成された。ヴフテマスには専門部門に入る前の基礎部門が設けられていたのだが、ロトチェンコ、ポポーヴァなどが基礎部門の教育を受け持ち、最も活気ある部門となった。1925年までにはロシア構成主義の主要なプレーヤーがヴフテマスに迎えられていたが、1927年に「ヴフテイン（国立高等芸術技術研

写真3　第三インターナショナル記念塔

写真4　リシツキー「赤の楔で白を打て」

写真5　ロトチェンコ「さけぶ女」
識字率の向上を目指していたロシア社会を反映し「本
よー!」と叫んでいる。

究所)」と改組されると、前衛的なエネルギーを失っていく。そして、スターリンによる恐怖政治、粛清の嵐が吹き荒れる中、ソヴィエト・ロシアのすべての文化的な組織は一気に壊滅状態に陥る。社会主義革命という熱狂の中で生まれたロシア構成主義は、スターリンによる独裁的な全体主義の中で悲劇的な終焉を迎えるのである。

2 ロシア構成主義のデザインに通じる 現代空間のデザイン

　マレーヴィッチやタトリンの示した作品は、その後の芸術や建築の世界に大きな影響を及ぼした。だが、日常空間の中でその痕跡を見つけ出すことは難しい。一方、グラフィック・デザインの世界で新しい試みを行ったリシツ

キーやロトチェンコの痕跡を見つけることは比較的容易である。

　ロトチェンコの作品に典型的な、フォトモンタージュ、赤色の多用、言葉の吹き出し、斜めの線は、インパクトのある視覚情報を発信するのに適している。生活空間の中で日常的に用いられるデザインというよりも、インパクトのある宣伝、広告などに用いるデザインとして、限られた期間の中でできるだけ多くの人々の視線を引き付けるのに向いている。

　写真6は商業ビルの外壁に掲げられた一種の立体広告である。フォトモンタージュ、赤色の多用、言葉の吹き出し、斜めの線に加えて、タトリンのカウンター・レリーフのようにも見えるところが非常に面白い。強烈なインパクトを放つデザインであるのだが、色彩は抑制的であり、ロシア構成主義に倣ってフォトモンタージュがモノクロであるため、過度なうるささは感じられず、画面構成は大変引き

写真6　商業ビルの広告看板

締まった印象を受ける。ロシア構成主義への
オマージュであることが明確に見て取れるき
わめて優れたデザインである。

　写真7は大手古書店の広告である。これは
先のロトチェンコの「さけぶ女」のポスター
（写真5）を下敷きにしていることが明白だろ
う。「さけぶ女」のポスターは、1920年代の
ロシアにおける識字率向上を目指す運動の中
で制作されたものであり、ロシア語の吹き出
しは「本よー!」という意味である。「ウルト
ラセール!!」の広告のデザイナーがそのこと
を十分に認識して図案を採用したことも、こ
の広告デザインの隠れた面白さである。明快
な色面構成の中に、白黒のフォトモンタージ
ュでゆるキャラを配置するデザインは、一見
「軽さ」を狙ったデザインでありながら、その
実、歴史的な深みもともなったデザインであ
り、デザインリテラシーの高さを感じさせるも
のである。これら広告媒体に見るように、ロ
シア構成主義のデザインは現代の空間にあっ
ても古さを感じさせないどころか、いまだに
生き生きとした感性を放っている。

写真7　古書店の広告デザイン

注釈

★1　マレーヴィッチは「絵画は誕生して以来、対象物に縛られることによって不自由さを余儀なくされている」
　　　と考えた。そして対象物を排除する、つまり無対象（非対象も用いられる）の世界を描くことを、至高の
　　　絵画（シュプレマティズム）と考えたのだ。革命的な20世紀至高の名画と言われる所以である。
★2　1914年にパリのピカソのアトリエを訪れ、キュビズム絵画を実見したタトリンは、帰国後に非対象レ
　　　リーフの制作を始める。このレリーフはワイヤーやロープを用い、素材（木材、金属、ガラス、石膏などが
　　　用いられた）をテンションによって宙吊りにするように固定したものである。タトリンはこのレリーフが
　　　壁面からの距離をとるために、部屋のコーナーを用いることを好んだと言われ、コーナー・レリーフと
　　　も呼ばれる。レリーフ・コンストラクション、コーナー・カウンター・レリーフ、絵画的レリーフなど
　　　とも呼ばれる。
★3　ダダイズムとは既成の概念を否定、攻撃、破壊しようとする思想であり、その実践者をダダイストと呼ぶ。

3-7 アール・デコをルーツに持つ現代のデザイン

1 アール・デコの成立

19世紀末のアール・ヌーヴォーの流行で一世を風靡したフランスの工芸品だったが、徐々にドイツやイギリスの製品に人気を奪われていく。このような状況で起死回生の策として考えられたのが「パリ発のデザイン」としてのアール・デコであった。その展示は1925年の「近代装飾美術・産業美術国際展」で大々的に行われた。ただし、アール・デコという呼び名は1960年代になってからその時代のスタイルを再評価する中で付けられたものである。バウハウスなどのように一つの運動体として始まったものではないことに注意したい。

ともあれ、近代装飾美術・産業美術国際展が行われる前の20世紀初頭、時代の流れとしては機械産業に適したデザインの模索がドイツをはじめとしたヨーロッパ各国で行われていた。その流れに逆行するようにフランスに登場したのがアール・デコであったと言える。アール・デコは「アール・デコラティフ」の略称であるが、その名の通り「装飾芸術」を意味している。

アール・デコは世紀末のアール・ヌーヴォーを発展させた様式であるとも言える。20世紀初頭にはパブロ・ピカソ（1881-1973）やジョルジュ・ブラック（1882-1963）がキュビズム（立体派）という視覚表現上の革命を成し遂げていたが、アール・デコはこれらの感覚も吸収していく。一方で、アール・ヌーヴォーの代表的工芸家であるルネ・ラリックが引き続きアール・デコを牽引していたことも事実である。近代デザインの機能主義と合理主義の精神からすると、まさに気まぐれに多様な様式を取り入れていったのがアール・

デコであった。スイスに生まれ、主にフランスで活躍したル・コルビュジエ（Le Corbusier、1887-1965。本名：シャルル＝エドゥアール・ジャヌレ＝グリ（Charles-Édouard Jeanneret-Gris））は、のちに機能主義の旗手と目される。その彼にとって装飾は「虚偽」であり「堕落」で

写真1　クライスラー・ビルディング（ウィリアム・ヴァン・アレン設計、アメリカ）

写真2　P.T. フランクルの置時計

あり、まさに攻撃すべき対象であった。

　近代デザインの側からは攻撃を受けながらも、アール・デコはフランス国外に伝播していく。特に「黄金の20年代」を謳歌していたニューヨークでは、その時代精神とアール・デコの感覚が見事に一致していたのだろう。ウィリアム・ヴァン・アレン（1883-1954）のクライスラー・ビルディング（写真1）は、現在でもアール・デコの金字塔として存在し続けている。

　なお、アール・デコは書籍や資料によってその扱いが大きく異なる。アール・ヌーヴォーの後に咲いた徒花のような位置付けもあれば、キュビズムなどの最先端の芸術からモダニズムのデザインまでを吸収しつつ変貌を遂げた、一大ムーヴメントと捉えるものもある。見る者の立ち位置によってこれほど異なるデザイン様式も他にはなく、当然ながらこの様式とされるデザインの範囲も異なっている。また、同時代のデザイン・ムーヴメントにおけるリーダー的存在（バウハウスのヴァルター・グロピウスやデ・ステイルのピエト・モンドリアンなどに相当する存在）がいないこともアール・デコの特徴と言えるだろう。

2　アール・デコの歴史的なデザイン

　アール・デコはその時々の流行に従って様々な様式を取り入れている。ル・コルビュジエが述べたように、それは時に虚飾であり、機能主義的合理性をともなうものではない。そのため「こういう形態、色彩、構成がアール・デコである」と定義することは難しい。典型的と思われるアール・デコの特徴は、光沢のある金属とガラスの多用、直線的幾何学形態ではあるが直線と直線の交わりは丸みを帯びること、エジプト、ギリシャなどの古代文明やアフリカ美術などエキゾチックなモチーフの使用、女性像や動物などを大胆に様式化したデザイン、などをあげることが

できる。だが、これらに当てはまらないアール・デコのデザインも多く、特にジュエリーやガラス器などではアール・ヌーヴォーとの境界が不明瞭である。

　写真1はアール・デコ建築のシンボル的な存在であるクライスラー・ビルディングである。1930年に完成したこのビルは、約1年間だけ世界一高いビルであったことでも知られる。頂部にはアール・デコの古典的モチーフである日輪を用いており、そのインテリアも徹底してアール・デコ様式でデザインされている。

　写真2はポール・T.フランクル（1886-1958）の置時計である。1920年代後半の作品で、アール・デコの特徴がよく分かる家具デザインの例であろう。

　写真3はアール・デコ様式のポスターとし

写真3　カッサンドル「ノルマンディ号」

て最も有名なものの一つである。このポスターを描いたアドルフ・ムーロン・カッサンドル（1901-1968）は、23歳のときにデザインしたポスター「オ・ビュシロン」によって1925年の「近代装飾美術・産業美術国際展」でグランプリを受賞し、一躍注目を集めた。大胆な幾何学構成、黒を用いた色彩的対比などがアール・デコ様式の特徴を表している。

　日本にもアール・デコ様式とされるデザインは少なくない。1933年に竣工した旧朝香宮邸（現東京都庭園美術館）のインテリアは、その代表的な例として知られる。外観は比較的簡素な鉄筋コンクリート造2階建ての建物であるが、内装はアール・デコ様式の粋を尽くした建造物として知られている。主な室内のインテリア・デザインはフランス人デザイナーのアンリ・ラパンにより設計され、シャンデリアなどのガラス製品はルネ・ラリックの作品である。

　写真4も日本を代表するアール・デコのデザインとでも言うべき新宿伊勢丹本店のファサードである。1933年に建てられた新宿伊勢丹デパートは、神田にあった建物が関東大震災で被災したことを契機に新宿に移転した。広い意味で震災復興が残したデザインと言えるだろう（P.156参照）。設計、施工は老舗ゼネコンの清水組（現清水建設）が行っている。函館市文学館（旧第一銀行函館支店）の設計でも知られる清水組の技師、八木憲一が担当したと伝えられる。

写真4　新宿伊勢丹本店

3　アール・デコのデザインに通じる現代空間のデザイン

　近代デザインの機能主義、合理主義の側からは激しい攻撃対象となったアール・デコではあるが、その後何度もリバイバルし、現在の都市空間にもしっかりと根付いており、特に高級感を演出するデザインの手法としては、定番といってもよいほどの地位を得ている。写真5は量販店のエントランスであるが、か

つてはデパートとして使用されていた建物である。デパートは人々に豊かな生活のイメージと夢を与え、購買欲を高める社会的な装置でもあった。郊外型大型商業施設やネットショッピングの普及によって、特に地方都市の中心部にあったデパートは次々と廃業に追い込まれることになったのだが、かつての店舗には、往時を思い起こさせるアール・デコのデザインが残っている。

　当然ながら、大都市の都心にはまだ現役のデパートも存続している。写真6はその一例であり、華やかなアール・デコの香りを放っている。商業形態の変化とともにデザインの文化が失われてしまわないよう、何らかの施策が求められる。

　一方、新しい建築物のオーナメント（装飾）として用いられるアール・デコ風のデザイン

写真5　かつてのデパート建築に見るアール・デコ様式
アール・デコ様式の定番である光沢のある金属と石造りの組合せによるエントランスのデザイン。デパートはすでに廃業しているが、かつての華やかな時代の痕跡が認められる。

写真6　そごう横浜店

写真7　アール・デコ風のオーナメント

写真8　個人住宅のアール・デコ風の門柱

写真9　マンション、ドアの取手のデザイン

も見られる。**写真7**は商業ビルの外壁に施されたアール・デコ風のオーナメントである。アール・デコは、もともと装飾芸術をさすものであり、表層的な存在に過ぎないものではあるのだが、近年のアール・デコ風デザインはその表層性をより強めているものが少なくない。かつてのデパート建築には本物の石材や重量感のある金属が贅沢に使用されていたが、近年のものでは素材そのものに高級感を感じることは少ない。後述するポストモダンのデザインに通じる表層だけの模倣に近い表現と言えるだろう。

　一方、住宅建築に用いられるアール・デコ風のデザインも少なくない。**写真8**は個人宅の門柱のデザインである。古さを感じさせないモダンなデザインである。**写真9**はマンション・エントランスのドアのデザインである。近年のマンションでは、豪華さの演出としてアール・デコが採用されるケースが多い。門柱やドアの他、外灯などにもアール・デコのデザインが見られる。また、エクステリアのみならず、リビングやキッチンなどのインテリアのデザインに用いられることも多い。やはり比較的手軽に洋風のゴージャスな空間を演出するのに、アール・デコは格好のデザイン・モチーフであり、販売業者側から選択されることの多いデザイン様式であると言える。

第4章

戦後のデザインと
現在のデザイン

脱構築主義の代表的建築家、ダニエル・リベスキンドのベルリン・ユダヤ博物館（ドイツ）

4-1　インターナショナル・スタイルの デザイン

1 インターナショナル・スタイルの成立

インターナショナル・スタイル（国際様式）とは、狭義には1920年代から50年代にかけて現れた建築様式で、装飾を排除し地域や国家の特殊性を超越し、世界共通のスタイルを目指したものをさす。インターナショナル・スタイルのデザインは、鉄、鉄筋コンクリート、ガラスといった近代的な材料を用い、それまでの煉瓦造建築のように壁で荷重を支えるのではなく、柱と梁で荷重を支える構造を有する。荷重から解放された壁には、それまで不可能だった広い開口部を設けることが可能になった。重々しく内部が暗い建造物から、軽やかで明るい室内の建築に変わったことは、文字通り時代を画する出来事であっただろう。

近代的材料と柱梁構造を持ったシンプルな箱型の建築は、世界中に広まっていく。広義の解釈では、現代まで続くこの箱型の建築スタイルもインターナショナル・スタイルと捉えられる。本章ではこの広義の解釈によるインターナショナル・スタイルについて記述する。

インターナショナル・スタイルの建築形態としての最初期の例は、ヴァルター・グロピウスとアドルフ・マイヤー設計の「ファグス靴工場」（1911）であると言われる（写真1）。だが、最初にこのスタイルを告知したのはル・コルビュジエであるとされる。1921年のシトローアン・ハウスのモデルについて、彼が『エスプリ・ヌーヴォー』誌に発表した論文においてであった。

その後、1932年にニューヨーク近代美術館（MoMA）で開催された「モダン・アーキテクチュア国際展（Modern Architecture : International Exhibition）」を契機に刊行された『インターナショナル・スタイル―1922年以降の建築』において、インターナショナル・スタイルの概念規定が行われた。その概念規定によれば、インターナショナル・スタイルとは、①ヴォリュームとしての建築、②規則性を持つデザイン、③装飾性を忌避するデザイン、であるとされた。

①の「ヴォリュームとしての建築」というのは、それまでのヨーロッパ建築の主流であるレンガ造や石造などの組積造の建築から、柱と梁で荷重を支え、壁に荷重のかからないカーテンウォールの建築であることをさしている。②の「規則性を持つデザイン」とは、荷重を効率よく均等に支えるために、等間隔で

写真1　ファグス靴工場（ヴァルター・グロピウスとアドルフ・マイヤー設計、ドイツ）
初期モダニズムを代表する建築として2011年に世界遺産に登録された。現在でも靴工場として稼働している。

写真2　ギエット邸（ル・コルビュジエ設計、ベルギー）

柱や開口部を設置することをさしている。③の「装飾性を忌避するデザイン」は、近代デザインの流れで、機能的、構造的に意味のない付加的な装飾を排除することをさしている。

　以上の特徴を言葉による説明で理解しようとすると分かりにくいところもあるが、世界中の都市にあふれる直方体のビルディングの姿を想像すれば十分であろう。このインターナショナル・スタイルの建築が世界を席巻し、地域の個性を奪っていったことは否定しようがない。経済性、効率性の点で、このスタイルに太刀打ちできるものはないからである。インターナショナル・スタイルで獲得した経済性、効率性を維持しながら、地域のアイデンティティをいかに保持していくかは、現在でも都市景観を考えるうえでの大きな課題である。

写真3　シーグラムビル（ミース・ファン・デル・ローエ設計、アメリカ）

2 インターナショナル・スタイルの歴史的なデザイン

　インターナショナル・スタイルの最初期の例としてあげられるのは、既述の通りグロピウスとマイヤー設計のファグス靴工場である。この工場の設計にはペーター・ベーレンス設計のAEGタービン工場（P.90、写真3）の影響が大きい。AEGタービン工場は近代デザインの記念碑的建築とされるが、グロピウス、マイヤーは共にベーレンスのもとでAEGタービン工場の設計に関わっていたのである。

　ル・コルビュジエのシトローアン・ハウスは実現しなかったのだが、ベルギーのアントウェルペンで画家ルネ・ギエットの依頼で建てられたギエット邸（写真2）が、シトローアン・ハウスの構想を比較的忠実に再現したものであると言われている。

　インターナショナル・スタイルの建築として最も有名なものの一つは、ミース・ファン・デル・ローエによるニューヨークのシーグラムビル（写真3、1958年竣工）であろう。それ以前のニューヨークのビルはセットバックによる類似の形態（上階に行くほど壁面が後退し、階段状の形態を取る）が支配的だったが、ミースはセットバックの代わりに敷地の半分をオープンスペース・プラザ（公開空地）とし、スラリとしたシンプルな形態を実現した。このシーグラムビルの成功は、ニューヨークの都市計画にも大きな影響を及ぼした。それまでの斜線規制から容積率規制に変更され（1961年）、ニューヨークの都市景観のみならず、世界中の都市景観を変えることになった。今では何の変哲もないこのシンプルなガラスの塔が与えた影響はことさら大きかったと言える。

3 インターナショナル・スタイルに通じる現代空間のデザイン

　写真4はニュージーランド、オークランドの都市景観、写真5は東京都心の都市景観である。見ての通り、どちらも視界に入る建物

のほとんどすべてが、四角い箱型のインターナショナル・スタイルから派生した建物である。このようにインターナショナル・スタイルの建物で都市空間が覆い尽くされる現象は世界中で進行し、地域から個性を奪っている。特別に景観保存された地区以外では、その景観からどこの国の都市かを判断することすら難しい状況となっている。ひたすら経済性、効率性を優先させた結果の景観とも言える。

　21世紀に入り、世界中で都市間競争が激しくなる中で、日本の大都市の景観はあまりにも計画性に乏しい。摩天楼の景観が有名なニューヨークやシカゴ、香港なども全体を統括する厳格な景観規制があるわけではないの

だが、調和のとれた都市景観を呈している。一方東京や大阪では、何ら調和のない景観がひたすら広がっているように見える。今後も高層ビルの建設が続くのであれば、都市としてトータルなデザインコーディネートが望まれる。

写真4　オークランドの都市景観（ニュージーランド）

写真5　東京都心の景観
乱立する東京の高層ビルの景観。これから世界的な都市間競争の時代が来ると言われているが、東京の都市景観は大丈夫なのだろうか。非常に難しいとは思われるが、全体をコーディネートする方策が求められる。

4-2 第二次世界大戦後のデザイン・ムーヴメント（第二次世界大戦後〜1950年代）

1 第二次世界大戦後〜1950年代のデザイン

　世界をリードするデザイン・ムーヴメントの中心は、第二次世界大戦で荒廃した中央ヨーロッパから北欧やアメリカへと移る。グロピウスやミースら、ヨーロッパの近代デザイン運動の中心にいた人々がアメリカに活動の中心を移した影響も大きいだろう。

　デザインの傾向は、1950年代までと1960年代以降で大きく変化する。1950年代に起こったグッド・デザインのムーヴメントまで、デザインは基本的に進歩主義的な考え方が主流であった。つまり人類の社会的進歩とともにデザインも進歩を続け、究極的なデザインに向かうという考え方である。当時のグッド・デザインは、戦前のドイツからアメリカに移ったバウハウスの機能主義的デザインや、インターナショナル・スタイルと同義であると捉えられた。

　グッド・デザインはまた、美術館とマーケットが結び付き、人々に「何を購入すべきか」を示唆した点も特徴的である。1951年にニューヨーク近代美術館（MoMA）の主導で「グッド・デザイン展」が行われ、1955年まで続いた。この流れはやや遅れて日本にも伝わり、1957年に通商産業省（現経済産業省）によるGマークの選定が始まる。

　また、同時期に最も人気を博したのは北欧のデザインであった。スウェーデン、デンマーク、フィンランドでつくられた柔らかでヒューマンなモダンデザインは、一般の人々に歓迎された。その伝統は世界最大級の家具メーカーとなったイケアなどを通じて、今日まで大きな力を保持している。

2 第二次世界大戦後〜1950年代の歴史的なデザイン

　ミース・ファン・デル・ローエのシーグラムビル（1958年竣工、P.111写真3）を代表とするインターナショナル・スタイルの建築をこの時代に現れた特徴的なデザインとするならば、世界中の都市にこのスタイルのデザインが輸出され始めた時代でもあった。それとともに、本来その土地や民族が持っていた景観的特徴も失われていくことになる。シーグラムビルはニューヨークの都市計画を斜線規制から容積率規制に変えるほど大きなインパクトを持ったが、その影響は今日に至るまで世界中にあまねく及んでいる。

　戦後のモダンデザインで最も人気の高かった北欧デザインの中でも、先行したのはスウェーデンの家具である。中でもブルーノ・マットソン（Bruno Mathsson、1907-1988）のベントウッド・ラミネーテッド・ベニア（合板の曲木）を使った曲線的な家具は、現在でも人気を博している（写真1）。

　デンマークは、第二次大戦以前は銀器が特に有名であったが、戦後は今日でも世界的に人気のあるロイヤル・コペンハーゲンの陶器

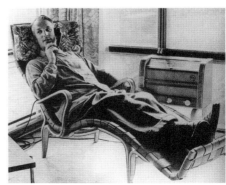

写真1　ブルーノ・マットソン設計の寝椅子

のデザインが人気を集めるようになった。

　さらに家具ではハンス・ヴェグナー（Hans Jørgensen Wegner、1914-2007）が木製の椅子において数々の歴史的デザインを生み出し、金属を用いたアルネ・ヤコブセン（Arne Emil Jacobsen、1902-1971）のアントチェアも、世界的なヒット商品としてヴァリエーションを増やしつつ、今日まで超ロングセラーを続けている（写真2、3）。

　やや遅れてモダンデザインの世界に進出したフィンランドでは、伝統的工芸技術の束縛が強くなかったこともあり、自由でユニークな形態が生み出された。北欧を代表する建築家であるアルヴァ・アアルト（Hugo Alvar Henrik Aalto、1898-1976）を中心に工房が形成され、大量生産のための合板やラミネート加工の家

写真2　ハンス・ヴェグナーがデザインしたザ・チェア

写真3　アルネ・ヤコブセンがデザインしたアントチェア

具を量産した。イッタラのガラス器やマリメッコのテキスタイル・デザイン（マイヤ・イソラの「ウニッコ」が特に有名）などは、今日まで世界的な広がりを見せている（写真4）。

　二度の世界大戦とも戦場とならなかったアメリカでは、T型フォードの開発やツーバイフォーによる住宅の大量生産など、世界に先駆けた生産方式が発展した。このようなアメリカの環境にあって、第二次大戦以前に迫害を逃れてヨーロッパから渡ってきたバウハウスの中心メンバーたちは、当初から抵抗なく受け入れられたわけではなかった。彼らはヨーロッパとアメリカのデザインにおける価値観の違いに苦しむことになる。

　工業化が進んだアメリカにおいて、デザイン界のスターとなったのはインダストリアル・デザイナーであった。中でも有名なのはレイモンド・ローウィ（Raymond Loewy、1893-1986）で、デザイン界のエルビス・プレスリーなどとも言われる（写真5）。もともとエンジニアであったが、ニューヨークでイラストレーターとなり、広告デザインを手掛けた（写真6）。工業製品の内部と外面の形状に精通した彼は、「スタイリング」と呼ばれる手法を開発し、インダストリアル・デザイナーの第一世代となった。スタイリングとはデザインの様式を表す言葉ではなく、表層的な見え方を刷新することにより、マーケットを刺激して商品を売るた

写真4　マイヤ・イソラの「ウニッコ」

写真5　レイモンド・ローウィがデザインした流線型の機関車
デザイナーがスターになった時代を象徴する写真と言われる。

めのデザイン行為をさしている。バウハウス的な禁欲的モダンデザインでは「形は機能に従う」ものであったが、アメリカでは「デザインはセールスに従う」のであった。ナチスから逃れてアメリカに亡命してきたバウハウスのメンバーたちが困惑したのも当然であっただろう。

バウハウスのメンバーがアメリカに亡命した1930〜40年代には、なかなか受け入れられなかった彼らのデザインではあるが、第二次大戦後の建築ブームで機能主義の高層ビルが建設され、インターナショナル・スタイルが広まるとともに再評価されるようになる。ミース・ファン・デル・ローエのバルセロナ・チェア（P.94写真7）の再生産と爆発的なヒットはその象徴的なものであった。

1950年代は機能主義やバウハウスの再評価とともに、グッド・デザイン運動がアメリカとイギリスでほぼ同時に始まった。運動の中心はアメリカで、MoMAのインダストリアル・デザイン部門のディレクター、エドガー・カウフマン・ジュニア（1910-1989）が仕掛け人であった。彼はグッド・デザイン・プログラムを通じて大衆にグッド・デザインの認識を与えたいと考えたのである。彼の企画の最大の特徴は「美術館とマーケットの連結」で、消費者に何を買うべきかを示したことである。1950年の最初の展覧会は、イームズ夫妻による展示ディスプレイに対する高評価もあっ

て、その後の展覧会にはずみをつけることになった。選者にはカウフマンの他にフィリップ・ジョンソン、イーロ・サーリネン、ハーマン・ミラー社の社長D．J．デ・プリーなどそうそうたるメンバーが就いている。

グッド・デザインの展覧会は1955年まで続けられた。初期の目的が達成されたとしてカウフマンがMoMAのディレクターを辞任し、このプログラムは終了する。一方で、このプログラムに対する批判も起こる。近代美術館の権威をもって特定の狭い基準を製造者に強制したということや、モノの基本的存在とその象徴的価値を問うていないことなどが批判の対象となった。美的には冒険性がなく、1960年代に起こるアンチ・デザインの下地をつくることにもなった。

写真6　レイモンド・ローウィがデザインしたピースのパッケージ
当時、デザイン料のあまりの高額さに多くの日本人が驚嘆したという伝説がある。

4-3　1960年代のデザイン

1　1960年代のデザインの展開

　1960年代に入るとグッド・デザインやモダニズムへの反動が起きる。戦前においてもダダイズムのような正統派、保守派に対するアンチは常に見られた。だが、1960年代以前は、アンチに対して正統派、保守派の勢力が圧倒的に強く、また背景となる社会の意識もアンチはアンチとして見る姿勢があった。それに対して1960年代以降のアンチ・デザインは、マジョリティ（多数派）としての一般大衆や若者の意識を反映したものであり、それまでとは大きく異なっていた。

　背景にはメディア、特にテレビ放送の普及がある。1954年にアメリカで本格放送が開始されたカラーのテレビ放送は、1960年代前半に急速な普及を見た。大量生産の技術も高度化し、デザインは人々の購買意欲を強く刺激した。大衆は「買物狂時代」と呼ばれるほどに大量消費時代を謳歌した。

　時を同じくして、カウンターカルチャーと呼ばれるそれまでの体制倫理に反抗する文化が生まれてくる。幻覚作用のある薬物によるサイケデリック・アートが生まれ、混沌の中に過去の様々なデザイン様式も呼び覚まされてくる。ベトナム戦争、五月革命などの社会不安も、これらに大きな影響を与えることになった。

2　1960年代の歴史的なデザイン

　1980年代にアメリカの50 ～ 60年代を振り返って付けられた造語に「ポピュラックス（ポピュラー＋ラグジュアリー）」という語がある。ニューヨーク近代美術館（MoMA）のグッド・デザイン展が終わった1955年以降60年代の半ばまでは、アメリカで大量消費が本格化した時代で、人々はこぞって目新しく感じられるモノを購入した。テイルフィンの付いたウルトラ・ストリームラインでデザインされた自動車は、まさにこのポピュラックスを象徴するデザインと言われる（写真1）。機能性よりも見た目を重視した数々の家電製品から、核攻撃の際に死の灰を避けるフォールアウト・シェルターまで、人々は大量生産されて入手が容易なこれらのものをプライベートな空間に持ち込んだのである。結果だけを見れば、1950年代前半にMoMAが展開したグッド・デザインの啓蒙活動は、大衆レベルではほとんど効果がなかった。グッド・デザインが仮想敵としたスタイリングが、新たな生産システムや新素材と結合してますます拡大し、明るく楽天的なアメリカンスタイルが広まっていった。

　プラスチックなどの新素材によって造形の自由度が飛躍的に高まり、人々の購買欲をさらに刺激するようなデザインも数多く生み出された。それらの製品に愛称を付けるような「デザインのペット化現象」もこの時代に起こった。イーロ・サーリネンの「チューリップチェア」などがその典型と言われる（写真2）。

　楽天的なアメリカンスタイルが謳歌された時代は、1960年代半ばから徐々に変質してい

写真1　1950年代のキャデラック

く。ベトナム戦争が暗い影を落とす中、ヒッピーや学生運動、黒人急進派など、体制側に反抗する草の根の勢力が力を増していく。伝統的体制に対する自由な考えとして「カウンターカルチャー」が形成され、その中心にはドープ（麻薬）、セックス、ロックが置かれた。幻覚作用から生まれたサイケデリック・アートは過去の様々なデザイン様式をおもちゃ箱をひっくり返すかのように呼び起こし、セックスの解放は自由な性的表現を可能にした。そして、

ロック・ミュージックは大きな文化現象となり、デザインの中心に若者を置くことになる。

　一方、レイチェル・カーソンの『沈黙の春』（1962）が大ベストセラーとなり、デザインはライフスタイルとの関係で議論されなければならなくなった。エコロジーとデザインの関係が求められた結果、グリーン・デザインが現れる。反体制的な運動の中からエコロジーのデザイン思想が現れたことにも注目しておきたい。

　学生運動や黒人解放運動のような生真面目な反抗とは別に、大衆的なアンチ・デザインも次々と生まれてくる。その代表格としてロイ・リキテンスタイン（Roy Fox Lichtenstein、1923-1997）とアンディ・ウォーホール（Andy Warhol、1928-1987）をあげることができるだろう（写真3、4）。彼らは、広告、商品、アートを混ぜて、その境界を消し去ってしまった。彼らの作品は「マス・コンシューマリズム」と呼ばれる。写真や印刷媒体をもとに制作され、複製可能な手法を取ることもある。特にアンディ・ウォーホールのシルクスクリーン印刷による作品は大量生産され、芸術作品の唯一性やオリジナリティといった価値観を根底から覆した。彼らの作品は、彼らの死後も消費社会の中に取り込まれ、今日でも再生産されている。

写真2　イーロ・サーリネンがデザインしたチューリップチェア

写真3　キャンベルスープ缶（アンディ・ウォーホール作）

写真4　ヘアリボンの少女（ロイ・リキテンスタイン作）

3 1960年代のデザインに通じる現代空間のデザイン

1960年代の「カウンターカルチャー」や「サイケデリック」に通じるものは、日本のまちなかでは数多く見られる（写真5、6）。幸か不幸か、日本の雑多なまちなみにはこれらのデザインがさほど違和感なく入り込んでいる。それらのデザインを見た際に（あるいは、自分で使用してみようというときに）、そのオリジナルがどのような意味や背景を持っているのか、最低限知っておくことは必要であろう。

写真5　ポップアート的商品ポスター

写真6　サイケデリック調の壁面アート

4-4 ポストモダンのデザイン

1 ポストモダンの成立

「ポストモダン」という言葉が最初に使われたのは1960年代のジャン・ボードリヤールやジャック・デリダの文芸批評においてであった。モダニズムの行き詰まりから、次の時代に来るものとして意識されたのである。建築の世界で最初にこの概念を用いたのはイギリスの美術史家ニコラス・ペヴスナー（1902-1983）であったが、今日的な意味で使われるようになったのは、アメリカの建築史家チャールズ・ジェンクスによってである。

　ジェンクスはモダニズムの反動として現れた建築をポスト・モダニズムの建築と規定した。具体的にはアメリカの建築家マイケル・グレーヴス、ロバート・ヴェンチューリらがいた。ポストモダンの建築は、多元主義、折衷主義、歴史主義、ユーモア、アイロニー、記号論的意味などを表現している。だが、多元主義を中心に生真面目に空間の構成を吟味したものから、ユーモア、アイロニーを中心に置いた遊戯的なものまで、その振れ幅はきわめて大きい。

写真1　イタリア広場（チャールズ・ムーア設計、アメリカ）

写真2　ビルバオ・グッゲンハイム美術館（フランク・ゲーリー設計、スペイン）

ポストモダン建築で最も典型的な事例とし
て度々引用されるのはチャールズ・ムーア
(Charles Willard Moore、1925-1993) がニュー
オーリンズにつくった「イタリア広場」(1978)
である（写真1）。この広場はニューオーリン
ズのイタリア人地区のセンターとして企画さ
れた。ムーアは円形の広場を柱廊で囲み、イ
タリア風の噴水を配した。柱廊を構成する柱
にはドーリア式、イオニア式、コリント式など
のオーダー（P.50参照）が用いられ、歴史的意
匠の引用を示す。ところが、中央アーケード
の柱頭の下にはネオンチューブが巻かれ、一
見生真面目なオーダーは金属を丸めてつくっ
た表層的な見せかけのものであった。多元主
義、折衷主義、歴史主義、ユーモア、アイロ
ニーのすべてが織り込まれた、まさに典型的
なポストモダンのデザインである。

なお、「脱構築主義」の建築デザインもモ
ダニズムを否定する点においてポストモダン
に入れられることがある。だが、これらの建
築はジェンクスの規定からは外れるように見
える。彼らの建築はプランのみで「アンビル
ド：実現しない建築」と思われていた。だが、
その後世界各国のコンペを勝ち抜き、主要都
市のランドマークになっているものが少なく
ない。フランク・ゲーリー（Frank Owen Gehry、
1929-）はその代表的な建築家で、ロサンゼ
ルス、シカゴ、ビルバオといった大都市の中

心に、ひと目でそれと分かる建造物を築いて
いる（写真2）。東京オリンピックの新国立競技
場のコンペで一般の日本人にも知られるよう
になったザハ・ハディッド（Zaha Mohammad
Hadid、1950-2016）も脱構築主義の代表的建
築家である（写真3）。初期のデザインコンペ
作品「ザ・ピーク（案）」は大きなインパクトを
持って受け止められたが、近年まで「アンビル
ドの女王」と呼ばれていた。

2 ポストモダンの歴史的なデザイン

日本において最もよく知られたポストモダ
ンのデザインと言えば、磯崎新がデザインし
たつくばセンタービルがあげられるだろう。
1983年に竣工したつくばセンタービルは、
筑波研究学園都市の中心部に建つビルで、コ

写真4　つくばセンタービル（磯崎新設計、茨城県）

写真3　リバーサイド・ミュージアム（ザハ・ハディッド設
　　　計、イギリス）

写真5　M2ビル（隈研吾設計、東京都）

ンサートホールや商業施設、ホテルなどから
なる複合施設である。研究学園都市を貫くペ
デストリアンデッキに面する広場は、ローマ
のカンピドリオ広場を反転させたデザインと
なっている。建築にも様々なデザインの隠喩
が組み込まれているのだが、この広場のデザ
インがポストモダン的デザインという意味で
は最も分かりやすい。ローマのカンピドリオ
広場が丘の上にあるのに対して、つくばセン
タービルではペデストリアンデッキより数メー
トル掘り込まれた低い位置に置かれている
（写真4）。

　つくばセンタービルと共に有名なポストモ
ダンの建築に、隈研吾設計のM2ビルがあげ
られる（写真5）。バブル経済終焉期の1991
年に竣工したこの建築は、当初自動車メーカ
ーのマツダのショールームとして建設された。
その後、葬儀社に所有が移り、現在は葬儀場
として使われている。デザインはイオニア式
の柱頭を大胆に拡大したもので、その柱頭か
ら左半分が最新の建築デザイン、右半分が古
典主義建築のデザインで構成されている。建
設当初、このビルのデザインに対する批判は
激しく、隈本人が「（当時は）M2に代表される
ように、目立つ建築をつくろう、目立たない

と建築家になれないと思っていた」と述べて
いる★1。地域の歴史的文脈や周辺の景観との
調和を意識した建築ではなかったことは明白
で、ランドスケープ・デザインを語るうえで問
題のあるデザインと位置付けられるのは致し
方ないところだろう。

　このように見てくると、ポストモダンの建
築デザインには二つの極があり、そのどちら
に近いかで印象も大きく異なってくる。一つ
の極は理論武装にポストモダンを取り入れ、
その理論をベースに空間を構成したもので、
つくばセンタービルが典型である。もう一つ
の極は目新しさ優先の意味合いが強いもの
で、M2ビルがその典型と言えるだろう。

３ ポストモダンのデザインに通じる 日常空間のデザイン

　日本の都市空間の商業ビルや集合住宅など
には、ポストモダンの影響と思われるデザイ
ンが少なくない。ただし、先の二つの極との
関係で言うと、その多くは隈研吾のM2ビル
に近い「目立つこと」を目的としたものであ
る。

　写真6はゴシック風の尖塔を載せたカラオ
ケ店のビルである。よく見ると欄干は貝の装

写真6　ポストモダン風の建築
　　　　（カラオケ）

写真7　ポストモダン風の建築
　　　　（ホテル）
センス良くまとまっている例

写真8　ポストモダン風の建築
　　　　（集合住宅）

飾が施されたバロック風の凝ったデザインで、様々な様式を織り交ぜて使用していることが分かる。ただし、ゴシック様式は中央ヨーロッパを中心に主に教会などの神聖な建造物に用いられてきた歴史ある様式である。かつて日本が経済力でアジアを席巻した頃に、東南アジアの歓楽街等で日本風の娯楽施設を見て違和感を覚えたものだが、同様に敬虔なクリスチャンがこのようなカラオケ店を見たらどう感じるだろうか。国際化した時代のデザインの採用には、デザインの背後にある文化の理解も欠かせない。

写真6のような目立つことを最大の目的としたものが多い中で、写真7はポストモダン風のデザインをうまく取り入れた例である。建物は婚礼をはじめ、七五三や金婚式など、様々な人生の節目に応じた記念撮影を行うスタジオであり、日常とは異なる「ハレ」の雰囲気を醸し出している。また、最上階に見える切妻の神殿風の意匠も、単なる装飾ではなく撮影所としての機能を有しているようだ。スタジオというやや特殊な建築物ではあるのだが、装飾的でありながらデザインと機能が融合した数少ない例であろう。

写真8は集合住宅のデザインである。このようなデザインも日本の都市空間においては珍しくない。前方のエントランスの尖塔はヨーロッパ中世の城のイメージだろうか。後方の2本の柱と破風のデザインは、ギリシャの

建造物からの引用のように見える。歴史的なデザインの引用であることは明らかだが、取ってつけた感が強くデザイン的なまとまりにも欠けている。西洋風の雰囲気を演出しようとしたものだが、表層的なデザインと言わざるを得ない。ポストモダンのデザインというよりも、次節で述べるキッチュ、あるいは次章で述べるディズニーランダイゼーションの範ちゅうとも取れる。

写真9はギリシャ神殿風の公衆トイレである。これも後述するディズニーランダイゼーションに属するデザインであるともとれる。公共施設であるがゆえに、ポストモダン特有のアイロニーや悪ふざけではないと思われるのだが、なぜ日本の公衆トイレにギリシャ風のデザインを採用するのか、そのデザイン選択が正しかったのか、再考すべき対象と言える。

日本の都市空間にはポストモダン的なデザインが少なくない。だが、つくばセンタービルのような理論武装したものはまれにしか存在せず、「目立つこと」第一か、あるいは単に欧米風の雰囲気をまとうことを目指してつくられたものがほとんどである。ポストモダンの模索は現在でも続いている。建築家、ランドスケープ・アーキテクトは、今一度、日本の都市空間におけるモダニズム以降の景観デザインのあり方を検討すべきではないだろうか。

写真9　ギリシャ神殿風のトイレ

注釈
★ 1　隈研吾氏インタビュー「自分を変えた『失われた10年』」より（『日経アーキテクチュア』2016年12月21日号）

4-5 1970年代以降のデザイン
―キッチュとハイテク

1970年代は戦後の歴史において大きな曲がり角を迎えた時期であった。戦後の世界経済を牽引してきたアメリカは、ベトナム戦争(1965-1975)で大きく傷つき[1]、1972年にはローマクラブによる「成長の限界」が発表された。1973年には第一次オイル・ショックがあり、日本でも高度経済成長の時代が終焉した。

デザインの世界ではモダニズムの一元性が完全に崩れ、多元的なポスト・モダニズムの時代へと移る。空間的にはアフリカや中南米など多様な地域から新たなモチーフが取り上げられるとともに、様々なデザインのスタイルが過去から呼び戻されて混沌とした時代とな

る。もはやメインストリームとなるようなデザインを捉えることは不可能であるのだが、ここではモダニズムからの方向性においてデザインの両極に位置し、今日まで存在感が薄れない二つのデザイン・スタイル、キッチュとハイテクについて記述したい。

1 1970年代以降のデザイン ―キッチュとハイテクの成立

1) キッチュ

1960年代のカウンターカルチャーから発するデザインと、その延長線上にある1970年代のデザインを明確に区分することは難しい。日本では70年代になって現れた「キッ

写真1 ポンピドゥー・センター（リチャード・ロジャース、レンゾ・ピアノ設計、フランス）

写真2　香港上海銀行ビル（ノーマン・フォスター設計、写真中央のビル）

チュ」は、もとはドイツ語で1860年代から使われ始めた言葉であり、まがいもの、低俗なもの、甘ったるい感傷的なもの、といった意味を持っていた。当初は貴族文化に対する大衆文化の低俗さをさしていた。

　1939年にアメリカの美術評論家でモダニズムの旗手であったクレメント・グリーンバーグ（1909-1994）によって「キッチュとは、代償体験であり、まがいの感覚であり、現代の生におけるにせもののすべての縮図である」と説かれた。彼がさしたキッチュの対象には、ジャズ、広告、三文小説などの大衆文化が含まれていた。

　1960年代にモダニズムへの反発が起こると、キッチュは再び呼び起こされることになり、まがいもの、低俗なものである一方で、ウィッティ（機知ある）、アミュージング（楽しげ）なものとして、中流家庭の内側に浸透し

ていった。グッド・デザインの選者たちが顔をしかめるような、モダニズムが追求した機能主義とは真逆のものがもてはやされる時代となったのである。

2）ハイテク

　復古的、装飾的、折衷的なポスト・モダニズムのデザインとほぼ同時期に現れたのが、モダニズムの究極のかたちとも言えるハイテクであった。ハイテクはハイ・テクノロジーからつくられた言葉である。本格的なハイ・テクノロジー時代は1980年代後半の情報革命、それに続くインターネットの普及とともに始まると考えられる。この時代のハイテクは、その直前の素朴な技術信仰へのロマンティシズムであり、工場のテクノロジーを日常的なものとして身近な空間に取り込んだものであったと言える。最も有名なハイテクのデザインは、リチャード・ロジャース（Richard George

Rogers、1933-)とレンゾ・ピアノ (Renzo Piano、1937-) の設計によるポンピドゥー・センターであろう（写真1）。この設計者二人に香港上海銀行ビル（写真2）の設計で有名なノーマン・フォスター (Norman Robert Foster、1935-) を加えて「ハイテクの御三家」と呼ばれる。ハイテク・デザインにおいては、この3人が抜きん出た存在となっている。

2 キッチュとハイテクの歴史的なデザイン

1）キッチュ

もともと「まがいもの」「低俗なもの」とされるキッチュではあるのだが、時代によって意味は広がり、拡散しているようである。そのためキッチュを代表する歴史的なデザインを抽出することは難しい。キッチュと認められる最初の家庭用品の一つである「空飛ぶアヒル」は、もともとは1930年代のアンティーク・グッズであった。1970年代にキッチュが世にあふれ出したときに、その中心は1950年代のアメリカの雑貨であったと言われる（写真3）[★2]。前出のアンディ・ウォーホールやロイ・リキテンスタインの複製芸術も、世に出た当時はキッチュの範ちゅうであったかもしれないのだが、70年代にはすでに高価な現代美術の仲間入りをしていた。次々と現れては消費されるこれらのデザインに時代を代表するものを見出すことは、キッチュの本

写真3　1950年代アメリカの雑貨風オブジェ

質から考えても困難なことのようである。なお、現代の日本では「カラフルで可愛いもの」という肯定的な定義も見られ、ますます捉えどころのない概念となっているように見える。

2）ハイテク

ハイテクの歴史的建築として前出のポンピドゥー・センターと共にあげられるのは、ノーマン・フォスターの香港上海銀行ビルである。香港上海銀行ビルは建物の外側に構造を支える鉄骨フレームをむき出しにし、このフレームによって超高層の建造物を支えることに成功している。内部の配管などを外部にむき出しにしたポンピドゥー・センターが、建設当時は醜悪な化学工場のようだとして「内臓主義 (Bowellism) 建築」と酷評された一方で、香港上海銀行ビルの視覚的にも力強い構造は、虚飾をまとったポスト・モダニズム建築と対比され、建設当初から高い評価を得ていた。地上部分の床面を波打たせて風水の「気」を呼び込むという香港の伝統的な地政学に配慮したことも、インターナショナル・スタイルで失われた地域性の回復を印象付けた。

3 キッチュとハイテクのデザインに通じる現代空間のデザイン

1）キッチュ

日本の都市空間、特に商業地区にはキッチュ的なデザインが数多く存在する。ただし、後述するディズニーランダイゼーションのデザインとキッチュを区分することは難しい。「まがいもの、低俗なもの、甘ったるい感傷的なもの」というキッチュが本来的に持っている特質と、ディズニーランダイゼーションの形態的特質が共通しているためである。ディズニーランダイゼーションは、より広い概念であるキッチュの一部と捉えられ、「テーマ性を仮構したキッチュ」がディズニーランダイゼーションであると言えるのではないかと考える。

例えば、日本全国に過剰にあふれるゆるキャラは、その土地の名産品や伝説などをもと

写真4 田主丸駅の駅舎

にテーマ性を仮構しているので、キッチュな
デザインであるとともにディズニーランダイゼ
ーションとも言える。具体例として、**写真4**は
福岡県田主丸町の駅舎のデザインである。地
元に伝わる河童伝説をテーマとしたこのよう
なデザインは、キッチュであるとともに、ディ
ズニーランダイゼーションとも言える。

一方、**写真5**は河口湖に浮かぶ白鳥ボート

写真5 河口湖に浮かぶ白鳥ボート

である。日本全国の湖沼で普遍的に見る風景
であり、特にその土地の文脈と絡めてテーマ
性を構築しようとするものではない。純粋に
キッチュなデザインと呼べるだろう。

この河口湖に見る白鳥ボートのようなキッ
チュなデザインを欧米先進国の景勝地で見る
ことはまずない。スイスのレマン湖にしても、
イタリアのコモ湖やマッジョーレ湖にしても、
その景勝地の品位をいかに保つかということ
で、建物のデザインを含め厳しいデザイン・
コントロールが行われているからである。欧
米先進国では、仮にデザイン規制がない場合
においても、公共空間におけるキッチュなデ
ザインの持ち込みは抑制されているように見
える。日本人の公共空間におけるデザインの
幼稚性は、度々指摘されるところではある。
成熟した国として、景観にも先進国並みの品
位を保つことが求められてよい時期であろう。

2）ハイテク

　日本の都市空間でもハイテク建築御三家と呼ばれるノーマン・フォスター、レンゾ・ピアノ、リチャード・ロジャースの建築を見ることができる。東京・御茶ノ水駅から程近いセンチュリー・タワー（写真6）はノーマン・フォスターの設計によるもので、香港上海銀行ビルと類似した構造システムを持つ。皮肉ではな

いのだが、周辺にある東日本大震災以降急増した後付けの耐震補強建築と、景観的に馴染みが良い。大規模な建造物以外でも、**写真7**のように構造をあえてむき出しにしたハイテク・デザインは、日本の都市空間では珍しくない。強度的な要求と経済的な合理性、さらにデザイン的に簡潔な美しさが求められた結果であろう。

写真6　センチュリー・タワー
　　　（ノーマン・フォスター設計、写真左端）

写真7　東京ミッドタウン付近の街灯

注釈

★1　アメリカ合衆国の傀儡国家であるベトナム共和国が成立し、アメリカが直接軍事支援を開始した1955年をベトナム戦争の開始とする場合と、本格的に軍事参戦した1965年を開始年とする場合がある。その他にもアメリカが最初の爆撃を行ったトンキン湾事件（1964）を開始年とするなど、捉え方によって幅がある。終了はアメリカの撤退（1973）かサイゴン陥落後の南北統一ー（1975）をとるのが一般的である。

★2　海野弘『現代デザイン「デザインの世紀」を読む』新曜社、1997を参照した。

第2部

現代の
デザイン現象を考える

　第1部では古代から現代に至るデザインの歴史を振り返りつつ、それらのデザインが現在の生活空間の中でどのように存在しているかを見てきた。私たちの身の回りの空間はそのようなはっきりとしたルーツを持つものばかりではない。企業や個人の経済活動によって生み出され、世界の都市に広がったものもあれば、メディアによってイメージが伝播し、国や地域を問わず広がったものもある。規格化された無国籍なデザインは、元来地域にあった特色ある景観を平準化し、地域アイデンティティを無個性化してしまう。都市計画の不備や景観保全の不十分な国や地域においては、それらを抑制することが難しい。残念ながら、日本では公共空間のデザインが管理されないまま野放図に蔓延した状態にある。

　第2部では現代に特有なデザイン現象を取り上げるとともに、それらをいかにコントロールすべきか試論を展開している。まだ答えのない課題であり、できるだけ多くの人々が関心を持ち、自分の住む地域のあるべき景観を考える一助としたい。

第 5 章

均質化、無個性化する
ランドスケープ・デザイン

日本の地方都市の沿道風景

5-1 フォーミュラ・ビジネス (Formula Business)

1 フォーミュラ・ビジネスとその現状

　フォーミュラ・ビジネスは、ブランド、店舗の外観、サービス内容、従業員の作業マニュアルなどを統一し、多数の店舗の運営を行う営業形態のことで、チェーン・ストア（チェーン店）とほぼ同義語である。ただし、チェーン・ストアの場合は、同じ資本であっても店舗形態や業態（飲食店とホテル等）に多様性があるケースも多いため、ここではフォーミュラ・ビジネスの語を用いる[★1]。

　フォーミュラ・ビジネスには、飲食店から小売店、カラオケまで非常に多くの種類がある。特に飲食系は数が多い。その中で三大フ

ォーミュラ・ビジネスと言われるのが、コンビニエンスストア（コンビニ）、ファストフード店、ファミリーレストラン（ファミレス）であり、国境を超えて世界的な広がりを持つ。以下に簡潔にその成立過程を記述する。

1) コンビニエンスストア

　コンビニエンスストアは、1927年アメリカ、テキサス州の氷販売店「サウスランド・アイス社」で、氷の需要が高まる夏季に、週7日間、1日16時間に営業時間を拡大し、客の要求にそって簡単な食品を取り扱ったことがその原型と言われる。1939年にはオハイオ州で牛乳販売業を営んでいたJ．J．ローソンが「ローソンミルク社」を設立し、牛乳のほか日

写真1　シンガポールのセブン - イレブン

写真3　サンフランシスコのマクドナルド

写真2　ニューヨークのセブン - イレブン

写真4　北京のマクドナルド

用品を扱う「ローソン」をチェーン展開した。これが今日に至るコンビニエンスストアの始まりとなった。現在世界最大の店舗数を展開するセブン‐イレブンは、アメリカ起源の日本企業である（写真1、2）。

2）ファストフード店

　ファストフード店自体は世界各国に存在したが、世界展開したファストフード店はアメリカの企業であった（写真3、4）。中でもマクドナルドは世界最大級の規模（2020年時点、企業価値で業界世界1位、店舗数世界一は2011年以降サブウェイで、マクドナルドは世界2位）を誇るファストフードチェーン店である。カリフォルニア州サンバーナーディノでマクドナルド兄弟が1940年に始めた。チェーン店として店舗数を拡大する契機となったのは、1954年にミルクシェイク用ミキサーのセールスマンだったレイ・クロックが経営に関わってからである。

写真5　オーランドのデニーズ

写真6　山梨県富士吉田市のデニーズ

なお、ケンタッキー・フライドチキンはマクドナルドよりも古く、1930年の創業で、1952年には最初のフランチャイズ店がオープンした。

3）ファミリーレストラン

　ファミリーレストランは三大フォーミュラ・ビジネスに数えられるのだが、外食産業のチェーン店については、その起源が明確ではない。最も古いものの一つと考えられるデニーズ（写真5、6）は、1953年にリチャード・ジェサックとハロルド・バトラーがカリフォルニア州レイクウッドに1号店「ダニーズ・ドーナツ」をオープンしたところから始まっている。ランチワゴンが起源のダイナーの歴史は20世紀初頭まで遡るが、店舗デザインには多様性が見られ、ファミリーレストランのカテゴリーには入らないものもある。

2 フォーミュラ・ビジネスと地域デザインのあり方

　世界中どこへ行っても店舗のエクステリア・デザインも、店内のインテリア・デザインも同じ、従業員のユニフォームもサービスも同じ、売っている物もおおむね同じ、というフォーミュラ・ビジネスは、旅行者には安心感を与えるかもしれない。その一方で、ランドスケープ・デザインを均一化し、まちの個性を奪ってしまう。その際立つデザインは、伝統的なまちなみの場合、特に調和が難しい。

　では、どうすべきだろうか。

　写真7はフィンランド、ヘルシンキのマクドナルド、写真8はパリのマクドナルドである。ヘルシンキはヨーロッパの大都市の中では、かなり自由な屋外広告デザインを許容するほうだが、赤地に黄色文字という強烈な配色は避けている。大きなMの文字も背景が石材の素材色になっただけでかなり印象が異なることが分かるだろう。

　写真8のパリのマクドナルドは、一見しただけではマクドナルドかどうか分からないほど、まちの景観に合わせたデザインになって

写真7　ヘルシンキのマクドナルド
視認性を落とさずにマクドナルドのアイコンをまちの景観に溶け込ませようとしている。

写真8　パリのマクドナルド
洒落たパリのカフェのイメージを維持しながら店舗をデザインしている。

いる。まちの雰囲気に溶け込んだデザインで、高級感さえ醸している。目立たないから客が来ないかといえばむしろ逆で、写真に見るように大変にぎわっている。

　写真9は奈良市三条通のローソンで、日本国内では例外的な事例かもしれない。このローソンは不統一な今日的まちなみの中にあって、積極的に古都奈良のイメージを誘導しようとしている。

　よく見るとエントランスの自動ドアは建屋の木材の色に合わせているだけで、形態は一般的なローソンの店舗と同じである。一歩店内に入れば、見慣れたコンビニエンスストアの屋内風景である。わずかな工夫と意思さえあれば、コンビニエンスストアのデザインをまちの個性に合わせることは難しくないことを証明している。フォーミュラ・ビジネスといえど、画一化しない選択肢も可能なのである。

写真9　奈良市三条通のローソン
町家を改造した店舗デザイン。コンビニエンスストアも地域の景観資源になりうることを示している。

注釈

★1　経営学的には「単一資本がみずから設置した店舗を11店以上直営している小売・飲食業」のことをさし、小規模の出資者を募って店舗を設置する経営形態であるフランチャイズとは区分される。

5-2 ディズニーランダイゼーション

1 ディズニーランダイゼーションとその現状

1) ディズニーランダイゼーションとは

ディズニー化、ディズニーランダイゼーション、あるいはディズニーランダゼーションなどの用語は、社会学はもとより経済学や教育学など様々な分野で使用され、研究の対象となっている（写真1、2）。「ディズニーランドのように変化する」という意味では、どの用語も同じ方向を向いているのだが、当然ながら分野によって研究対象となるものは大きく異なっている。建築、環境デザインの分野におけるディズニーランダイゼーションは、主に空間構成要素とその形態に着目している。

ディズニーランドの空間的特徴は、①外部空間との隔絶、②書き割り的空間構成、③俯瞰的視点を廃すること、の3点であると言われる。

①の外部空間との隔絶は、「夢と魔法の王国」という架空のテーマを構築するために日常とは完全に切り離した空間をつくることを目的としている。②の書き割り的空間構成は、奥行き感を廃してディズニー・アニメの二次元的な世界を構築することを目的としている。③の俯瞰的視点を廃することは、来園者が空間の全体像を把握して自分の位置を定位することができないようにすることを目的としている。こうした巧妙な仕掛けによって、来園者が生々しい日常生活を離れ、架空のテーマ「夢と魔法の王国」に完全に身を委ねられるように構成されているのである。

ディズニーランド的世界は、①の「外部空間との隔絶」を守り、隔絶されたエリアの中で架空の世界が展開される分には何ら問題はない。ディズニー的架空の世界が日常の公共世界に漏れ出てくることが問題であり、その現象がディズニーランダイゼーションと呼ばれるのである。

形態的特徴としては、「1970年代以降のデザイン」で記述したキッチュと共通の特徴を有している。まがいものであり、甘ったる

写真1　ディズニーランダイゼーションの例（東京都、祖師谷大蔵駅前）

写真2　ディズニーランダイゼーションの例（新幹線車両形につくられた公園のトイレ兼倉庫）

い感傷的な性質をもつものである一方、楽しさを感じさせるデザインでもある。ただし、キッチュが初めからそれらを狙ったデザインであるのに対して、ディズニーランダイゼーションのほうは大真面目に制作されたにもかかわらず、結果的にキッチュに見えるという点で大きく異なっている。形態的には共通していても、デザインの動機まで含めて検討すると両者は異質なものである場合が少なくない。

単純に形態だけに着目して個々のデザインを検討すると、キッチュのほうがより広い概念で、ディズニーランダイゼーションのデザインも含んでいると言える。ディズニーランダイゼーションのデザイン形態は「テーマ性を有するキッチュ」と位置付けることが可能であろう。

2）ディズニーランダイゼーションの成立とその現状

空間や建築に架空のテーマ性を持たせるということは、東京ディズニーランドが開園した1983年以前から行われていた。特に風俗関連の施設においては、その傾向が強く現れていたと言われる[1]。それまでの「つれこみ旅館」という後ろめたい名称を持つ宿泊施設を、上っ面だけではあっても徹底的に豪華な「ラブホテル」に変えることが1970年代の初め頃に行われた（写真3）。そこで採用されたテーマは西洋のお城であり、アメリカの西部劇を連想させるアーリー・アメリカン・スタイルなどであったと言われる。これらはその後のディズニーランダイゼーションが広がる下地をつくった。

架空のテーマ性を持ったキッチュなデザインが日常空間にあふれるきっかけは、中曽根康弘元首相の「民営化推進（1985～1987）」と、竹下登元首相の「ふるさと創生1億円事業（1988～1989）」であった。

前者では国鉄（現JR）や電電公社（現NTT）

写真3　郊外のラブホテル
ラブホテルのディズニーランダイゼーションは今も各地で健在である。

が民営化され、それにともなって駅舎や電話ボックスなどが刷新された。その際、地元の要望が広く取り入れられ、その土地の言い伝えや名産品などがデザインのモチーフとして採用された。直接デザインに関わったのは、プロのデザイナーや建築家ではなく、行政の担当者と製作会社であったため、洗練とは程遠いキッチュなデザインが数多く生み出されることになった。

竹下元首相の「ふるさと創生事業」は、ばらまきとの批判もあるが、各自治体が知恵比べした結果採択された事業でもあった。1億円という大きなインセンティブを前にして、行政担当者は「創生しなければならない」という強い圧力を受けていたと言われる。その結果が、性急な創生事業としてのディズニーランダイゼーションにつながったのである。バブル経済の只中にあったということも、デザインの傾向を大きく左右したと考えてよいだろう。

2 ディズニーランダイゼーションと地域デザインのあり方

ふるさと創生事業が過去のものとなった現在も、ディズニーランダイゼーションの勢いは衰えていない。全国に乱立するゆるキャラはその代表的なものである。一つの自治体でも複数のゆるキャラが存在し、大阪府では一時45体ものゆるキャラが存在することが問題となった。これらは明らかに度を越した状態と言えるだろう。また、ゆるキャラグランプリでの上位入賞を果たすために、膨大な数の組織票をまとめる必要があり、多くの職員がそのために時間と労力を割いていたことなどは、明らかな異常事態であった。

しかしながら、地域計画やまちづくりの中でディズニーランダイゼーションをどうコントロールするかということは、非常に難しい。例えば、河童伝説のある地域の河童形の駅舎はなぜ景観的に良くないのか。地域の人々にアンケート調査をすれば、むしろ肯定的に捉

写真4　ディズニーランダイゼーションの例（電話ボックス）

える人のほうが多いのではないだろうか。さらに、地域性との関係が希薄な架空のテーマをもとにしたデザインであっても、一般の人々がその良しあしを判断する基準を有していることは、むしろ稀であろう。

ディズニーランダイゼーションをいかにコントロールすべきかという決定的な解答は、今のところない。前述したフォーミュラ・ビジネスや後述するビッグボックス店の問題は、他の先進諸国でも大きな社会問題となり様々な試みがなされている。だが、先進国でランドスケープ・デザインにおけるディズニーランダイゼーションが問題となっているのは日本のみという状況であるため、先行事例を参照することができないのである。なぜ先進国中、日本でのみディズニーランダイゼーションが多発するのかという問題はさておき、試案として以下の1）～5）の解決案を提示したい。

1）画一的にデザインすべき対象と多様なデザインにすべき対象を峻別する

交番や電話ボックス、トイレなどは、どのまちにいようともひと目見てそれが何か分かることが望ましい。ところが、日本ではこの三者は最もディズニーランダイゼーションが現

写真 5　永代橋近くのトイレ
永代橋のかたちをそのまま屋根に載せたデザイン。

れやすいものの代表になっている（写真4、5）。ペンション風の交番に、喫茶店と間違って入ってしまったというような例も耳にする。これらは日本全国、どこにいようと同じデザインですぐに認識できるような、統一された優れたデザインのものが設置されるべきである。一方、前出のフォーミュラ・ビジネスに属する画一的なデザインのコンビニやファストフード店などは、ひと目で分かる企業ロゴは残すとしても、積極的にデザインの多様性、地域性を取り入れるべきだろう。

　日本では画一化すべきものが画一化されず、多様であるべきものが多様でないという、あべこべの状態になっている。この点を是正するだけでもディズニーランダイゼーションの問題はかなり軽減するはずである。

2）「架空ではない」テーマを設定する

　ディズニーランダイゼーションで設定されるテーマは架空のモノであったり、実際にあるモノでもディズニー特有の「毒抜きされた可愛いもの」に変質させられている。その土地やまちには固有の歴史や伝統、伝説などが何かしらあるだろう。それらのリストを作成し、その枠内からテーマを選定することによって、デザイン的逸脱が生じないようにすることは可能である。

3）具象的デザイン、キッチュなデザインは避ける

　モノが具象性を持つほど、人々の嗜好ははっきりと分かれる。ふるさと創生事業でつくられた具象的なデザインには、度々住人からの批判の声も上がった。具象的でなおかつキッチュ（低俗、甘ったるい）なデザインを持つモノは、本来公共空間向きではない。景観は公共物であるから、具象的デザインの採用は避けるという基本ルールが必要である。

4）決定プロセスを重視する

　中曽根元首相の民営化推進の際も、竹下元首相のふるさと創生事業の際も、デザインを決定したのは行政や製作会社の担当者が主であったと言われ、住人の関与は少なかった。途中でおかしなデザインであることに気が付いても、事業は止められることなく進められた。デザインの決定プロセスに専門家を含めた住人の関与が保障されれば、大きな逸脱が生じる可能性は低くなるだろう。

5）コーディネータを置き、組織や住人間の調整を行う

　地域の大学に属する専門家やコンサルタントなど、デザインの決定プロセスにおける組織づくりや調整を行うコーディネータの存在は大きい。クリストファー・アレグザンダー（Christopher Wolfgang Alexander、1936-）のパタン・ランゲージを用いてまちづくりを行った神奈川県真鶴町の事例（P.150参照）はつとに有名であるが、その中心で動いたコーディネータの存在なしにはなし得なかった事業だろう。

　以上、ディズニーランダイゼーションに対応する方策について試案を述べた。本来、日本でなぜこのようにディズニーランダイゼーションが多発するのか、という議論から始めるべきだと思われるのだが、民族性や文化的要因など、推察される要因は多岐にわたり、明確な答えは見つからない。本書の主要な目的でもあるが、日本人のデザイン観の成熟を促していく他に、根本的な解決法はない。

注釈

★1　中川理『偽装するニッポン』彰国社、1996を参照した。

景観のじゃまもの？　電柱と電線

　電線・電柱の地下埋設率が他の先進国と比べて日本だけ極端に低いことは、よく知られている。電線・電柱の地中化は、日本の都市にとっては古くて新しい課題とも言え、すでにそのメリットとデメリットは整理し尽くされている。ごく簡単に整理すると以下の通りである。

　メリット：道路上の空間確保、景観、災害時の防災面、家屋侵入など防犯面

　デメリット：コストがかかる。地中での整備費は1キロメートル当たり約2億円で電柱方式の10倍（電気事業連合会）。メンテナンスがしにくい。冠水・豪雪などの災害時は復旧作業が困難。電柱が果たしていた街灯や標識の設置機能、広告の媒体としての役割を失う。

　地中化が進まない要因は、結局のところ費用負担の問題ということになるだろう。一般の公共事業では税金で行われるものが多いが、地中化事業は電力会社・通信会社におよそ3割の費用負担が生じ、事業者の足並みがそろわない。さらに工事に際しては一般への負担も生じる場合がある。財政難の地方自治体では費用面で事業の推進が困難であるとも言われる。

　一方、日本はGDPに占める公共事業費が他の先進国に比して非常に大きく、「土建国家」と言われて久しい。その巨額の事業費の中で電線地中化に振り分けられる資金は、わずかな割合でしかない。根本的な資金不足というよりは、制度的な予算配分の方式を見直すことが、先進国並みの地中埋設率に近付く道なのであろう。

市街地の電線と電柱

5-3 超芸術トマソン

1 超芸術トマソンとその現状

1）超芸術トマソンとは

　超芸術トマソンとは赤瀬川原平らの命名による「芸術上の概念」とされている。人々の生活空間にあって、すでに役割を失いどのような目的でつくられたのかも分からなくなっている物体（基本的に不動産）をさす。トマソンの命名は読売巨人軍に加わった元メジャーリーガー、ゲーリー・トマソン（1981-1982年在籍）に由来する。トマソン選手は高額な年俸を得ていたにもかかわらず、成績が振るわなかった。高額年俸ゆえに二軍に送られることもなく、いつもベンチを温めていた。このことが「無用の長物」で、目的も役割も見出せなくなった不動産全般の名称に用いられたのである。

　赤瀬川原平は2014年に他界しているが、インターネット上には現在でも数多くのトマソン情報があり、『超芸術トマソン』（筑摩書房、1987）も出版されている。

2）超芸術トマソンの現状

　日本の都市とその周辺には、無視できないほどのトマソンが存在する（写真1、2）。

　ランドスケープ・デザインの分野から見ると、なぜこのように多くのトマソンが日本の都市空間に存在するのか、真剣に解明する必要があるのではないだろうか。東京と同じように大規模で長い歴史を有するロンドンやパリ、あるいはニューヨークやシドニーで、日本のトマソンに相当するものに気が付いた記憶がない。確かに「超芸術」として面白がる分には、多くの場合、人畜無害なトマソンではあるのだが、日本人特有の公共空間に対する無責任、無関心の現れのようにも思われる。

2 トマソンと地域デザインのあり方

　トマソンがどの程度存在するのか、当初は全く手探りだったのだが、学生たちの協力のもと、身近な空間にトマソンを探すと、予想以上に数多く存在することが分かった。河川敷などの公共空間にある場合もあれば、個人宅のオープンスペースなどに付随して置かれている場合もある。

　行政としては、一般に個人に属するものには関与しないものと思われる。だが、子どもが事故に巻き込まれる危険もあり、放置してはおけないだろう。また、「景観は公共物」という原則に照らせば、たとえ個人に属するもので

写真1　記念すべき「トマソン第1号」となった使途不明の階段状物件

写真2　身近な空間に存在するトマソン

はあっても、指導していくべき対象と考える。

　前出のディズニーランダイゼーションと同様、他の先進諸国でトマソンがランドスケープ・デザインの問題になっている先例はない。試案として、まず「トマソン・リスト」を作成することを提案したい。中には歴史的価値を有するものもあるだろうし、放置されることにより危険となるものもあるだろう。地域の「トマソン・リスト」によって、まずは存在の広がりについて把握することが重要である。小中学校の児童・生徒に環境教育の一環として実施してもらうことも意味があるだろう。

　リストが完成したら、危険なものはその緊急度に照らして撤去しなければならない。写真3のような明らかに個人の所有物ではあっても、危険が想定される場合には撤去すべきである。

　一方、写真4や写真5のような歴史的な意味を持っていそうなものについては、それが何であるかを明らかにし、ごく簡単なものでいいので案内板を設置したい。その物体に意味を付与した時点で、もはやトマソンではなくなる。存在意義のあるものはトマソンである必要はないのであり、新たな地域資源になる可能性も有しているのである。

写真4　長年放置された大型機械

写真3　どこにもつながらない階段
　　　　（典型的なトマソンの一つ）

写真5　謎の豪華な扉

5-4 「和風」デザインの正体

1 和風デザインの現状

　本書で見てきた通り、まちの中の空間を構成している多様な形態は何らかのデザイン的ルーツを持っている。では、商店街や歓楽街などで数のうえで最も多いデザインは何かと言えば、それは「和風」を模したデザインである。

　和風と捉えられるデザインの割合は、他のデザイン形態を数量で圧倒している。東京都内の私鉄沿線の商店街で調査したところによれば、約6割の商業施設が和風と判断されるデザインを採用していた。日本のまちなみを形成するのであるから、日本風 ＝ 和風の選択は最も理にかなっていると言えよう。だが、問題はその実態である。

　まずは、「和風」の示す幅の広さである。

写真1　伝統的な町家風の「和風」デザイン

写真2　現代風にアレンジした「和風」デザイン

　堅固な城郭の石垣風のデザインから、向こう側が透けて見えるような草庵風のデザインまで、きわめて幅が広い。開口部の一部に格子状の建具が入っただけでも、あるいは軒先に提灯が下げられただけでも、和風を意識したデザインであると判断される場合が多い（写真1、2）。地域住人を集めたまちづくりワークショップなどにおいて、まちなみに統一感を持たせたいと考えた際に、「和風での統一」というアイデアは往々にして近隣住人などから提示される。だが、和風の多様性の幅があまりに広いために、和風というコンセプトでの景観的統一は不可能であることを、私たちは知っておくべきだろう。

　かたち以上に和風デザインに混乱を招いているのが、その素材である。

　和風デザインの中でも人気の高いなまこ壁を例に取ると、本来の伝統的ななまこ壁は、黒い平瓦を並べて貼り、「目地」と呼ばれる継ぎ目に漆喰をかまぼこ状に盛り上げて塗る技法である。だが、このような伝統的な素材と技法でつくられるものは、都市内部の商業施設ではほぼ皆無である。コンクリートで成形された上に白黒のペイントを施すのはまだいいほうで、薄っぺらな金属やプラスチックで表層のかたちだけ真似たものが非常に多い。果ては黒く塗った壁に白いテープを貼っただけ、というものまである。

　同様に、伝統的な和風の素材といえば圧倒的に木材が多いのだが、耐久性やメンテナンスの簡便さから、やはりアルミやプラスチックで代用されることが多い。ある意味、あまりに目に馴染んでいるために、不思議とも思わなくなっているのが「和風」のデザインなのかもしれない。だが、これから多くの外国人を招き入れて、観光産業を主要産業に育てて

いこうとするなら、この実態に目を背けるべきではないだろう。

2 地域における和風デザインのあり方

「和風」デザインは、ポストモダンの悪ふざけとも違った違和感をもたらす。例えば、ヨーロッパのまちなみの中に、プラスチック製の窓枠やシールで代用したレンガ壁は見たことがない。もしそんなモノを設置すれば、嘲笑の的になるだろう。だが、日本のまちなかでは、そのようなものはいくらでも見ることができる（写真3～5）。この差は一体何か。

　言うまでもなく和風とは日本の文化を代表するデザインであり、景観のベースとなるものであろう。百歩譲って他のデザイン・スタイルやエスニックなデザインがまがいものだったとしても、和風だけは日本人の誇るべきデザインとして、本質的な価値を維持できないものだろうか（写真6）。

　対象は異なるが「海外における日本料理の調理技能認定制度」というものを農林水産省が行っている。海外における日本食・食文化の水準を維持するとともに、その魅力を効果的に発信していくことを目的として、ゴールド、シルバー、ブロンズの各レベルに応じた認定を行っている。2020年9月現在、ゴールド15人、シルバー509人、ブロンズ921人ということから、それなりの広がりを持ち始めているようだ。

　「和風」デザインについても、学会なり観光を管轄する観光庁なりが、このような認定制度を制定してもよいのではないだろうか。全国に支店のあるチェーン店が実施すれば、全国一律のデザインになる危険性（フォーミュラ・ビジネスに陥る危険性）はあるものの、大きな効果が期待されるだろう。

写真3　本物の雰囲気に近いなまこ壁

写真5　雰囲気だけのなまこ壁（シール）

写真4　かたちだけ真似たなまこ壁

写真6　本物に近い和風デザインの例

column

昭和レトロ？　看板建築のデザイン

　再開発などで少なくなってきたとはい
え、看板建築は、まだ日本中の商店街で
その存在を認められるレトロな店舗建築
である。1975年に、当時はまだ学生で
近代建築のフィールドワークを行ってい
た建築史家の藤森照信氏と堀勇良氏によ
って学会発表され、その名が定着した。
看板建築の多くは関東大震災後の震災復
興期に、地方からやってきた大工たちに
よって建設された。復興需要がなくなっ
た後は、地方に戻った大工たちによって
地方都市での建設が進み、全国的に広が
ったと言われている。商業エリアは
1980年代後半からのバブル経済期に地
上げの対象となり、都心に近いエリアほ
ど取り壊しが進んだと伝えられるのだが、
まだまだ普遍的な建築形態として見るこ
とができる。

　もともと看板建築は十分な資金力がな
かった商店主たちが、道路に面したファ
サードだけを洋風につくり、それ以外は
旧来の純木造で建設した建物である。一
見洋風のファサードは石造風のものが多
いのだが、モルタルの上に薄い石材を貼
ったものの他、コンクリートの洗い出し
仕上げや、石材のテクスチャーに似せた
吹き付け塗装などが見られる。いずれに
しても、限られた資金の中でいかにファ
サードだけは豪華に見せるか、という涙
ぐましい工夫が見て取れる。

　かつて90年代の初め頃までは、看板
建築に対する評価は至って低いものだっ
たと記憶している。純木造の建物の道路
側だけを洋風に仕上げた建物は、大学で
建築学を学んだ者にとっては、学ぶべき

建築の範ちゅうにさえ入らないものであ
ったのではないだろうか。だが、90年代
半ば頃から繰り返し起こったレトロブー
ムや、2005年公開の映画「ALWAYS三
丁目の夕日」の大ヒットなどもあり、昭
和期を代表する文化的アイコンの一つと
認識されるようになった。

　看板建築の一部は建物園などに移築さ
れ、保存の対象となったものもある。だ
が、保存対象とするにはまだ数多く残っ
ていること、建設された時期も大差なく、
横並びで価値付けが難しいことなどから、
商店街の中のまとまったまちなみとして
保全の対象となったものはまだないよう
だ。

　看板建築を保全するのであれば、伝統
的建造物群保存地区（伝建地区）や京都
の町家などとは異なる価値基準を検討し
ていかなければならないだろう。

＊墨田区東向島の鳩の街通り商店街のよ
　うに地域有志によって保全されている
　ものはある。

看板建築

5-5　路地園芸と勝手花壇

1 路地園芸と勝手花壇の現状

　路地園芸は、平安時代から鎌倉時代に中国から伝わった盆栽（中国では「盆景」）文化から派生した、日本独自の園芸文化である。

　元来多種多様な植物に恵まれていた日本では、室町時代には中国から伝わった園芸の影響を離れ、特にサクラとツバキの改良が進んだと伝えられる。その後、下町の庶民にまで及ぶ園芸文化の嚆矢となったのは、意外にも戦国武将の覇者、徳川家康の存在であった。二代将軍秀忠、三代将軍家光も家康に続いてツバキの栽培に熱中したため、園芸趣味は江戸に屋敷を構えた大名から中級、下級武士にまで伝播し、やがては江戸市中の庶民の間にまで広がっていく。当然、参勤交代を通じて地方にもこの文化は広まっていった。現在、下町の路地にあふれる鉢植えの植物たちは、このような江戸時代以来の園芸文化をルーツとするのである（写真1、2）。

　東京を例に路地園芸の盛んなエリアを見ると、やはり先の大戦の空襲で焼け残った人口密集地ということになる。中央区月島、佃島周辺や墨田区向島周辺の戦火を免れたエリアでは、再開発の影響で年々数を減らしている

とはいえ、数多くの路地園芸を見ることができる。ただし、それらの路地園芸が景観的に美しいかというと、判断は難しい。

　2000年代までの月島の路地園芸は、美しさ云々というよりもその「量」に圧倒されるものがあった。だが、再開発が進み、昔からの住人が減少するにつれて、以前のような勢いはなくなっている。勢いがなくなると同時にそれまでは緑の陰に隠れて見えなかった粗（あら）が目立つようになった。画像で見るように、不揃いなプラスチック素材の植木鉢や火鉢の再利用などが目立ち、植物そのものの管理も行き届いていない。

　一方、路地園芸が無法化したものを勝手花

写真2　北千住の路地園芸（東京都）

写真1　月島の路地園芸（東京都）

写真3　勝手花壇状態になっている花屋の軒先

壇と呼ぶ（写真3、4）。これらは住宅の敷地からはみ出し、歩道や道路の緑地帯など、本来公共の用に供すべき空間を侵食している。幹線道路の中央分離帯や河川敷など、より広い空間を占拠するものも現れ、年々制御が難しくなっているように思われる。勝手花壇が厄介であるのは、それを行っている側に罪の意識がないばかりか、緑化、美化に貢献しているというポジティブな意思さえあることである。行政も対応に苦慮し、長年放置されているのが現状である。

2 路地園芸、勝手花壇と地域デザインのあり方

では、これら路地園芸や勝手花壇に対しては、どのような対処がなされるべきであろうか。「ポジティブな」気持ちで緑化を行っている人々を頭から抑え付ければ、いらぬ反感を増幅させかねない。管理する行政や行政から委託を受けた業者が頭を痛める所以である。

ここで一考、路地園芸のルーツである盆栽のあり方に範を得てはどうだろう。

盆栽に求められている条件とは、①鉢と植物が美的に調和していること、②盆上に自然の景色が描かれていること、③鉢の中で自然の摂理が繰り返されていること、の三条件である（山田香織『よくわかる盆栽─基礎から手入れまで』ナツメ社、2016）。先の画像からも分かるように、美しい鉢植え植物の半分は「鉢」

で決まるということが言える（写真5）。もしそうであれば、美しい鉢の即売会や、あらかじめ上記の三条件を兼ね備えた植木の展示会、地域の路地園芸のコンテストなどで、もう一度路地園芸に活気を吹き込むことができるのではないだろうか。

江戸時代に庶民にまで大流行した路地園芸は、定めし江戸庶民の「粋」な趣味であっただろう。もう一度そこに立ち返って「見せる緑」を取り戻したい。

写真5　路地園芸の美しさは鉢（プランター）のデザイン的統一やその配置で大きく左右される。

写真4　いくら美しくても歩道を塞ぐ勝手花壇は違法

第 6 章
社会の仕組みがつくる
ランドスケープ

世界初の歩行者天国、ロッテルダムのラインバーン商店街（オランダ）

6-1　治水がつくる日本の景観

1　治水と景観の歴史的経緯

　治水と地域計画は不可分の関係にある。

　富山和子の提唱する「水と緑と土」の関係史は、明治中期以前の低水工法とそれ以降の高水工法の違いにより、日本人と河川との関係が劇的に変化したことを説いている。かつての日本人は水運を物流の主要な手段としたことから、河川の水量が一定になるよう、森林の保全や河川、農地の管理によって地下水を涵養し、大雨が降っても適度に流れをコン

写真 1　三面張の護岸
川が排水路でしかなくなった事を示す象徴的な景観。

トロールすることで水との共生を図ってきた。だが、その共生関係は、水源地にダムがつくられ、河川の護岸工事が進むことによって崩れ去ってしまった（写真1）。河川は、豊かに水を湛えるという機能を失い、内陸に降った雨水を速やかに海に流すための単なる排水路に変わってしまったからである（写真2、3）。上流の森林からの養分を含んだ流出物をダムに遮られたために、海岸線は浸食が進み、豊かな海産物も激減した。海岸浸食を止めようとした海辺は、実際の効果は疑わしい消波ブロックだらけの醜い景観になってしまった。ひいては現在のような水害に弱い国土をつくり出してしまったということである。

　一方、太田猛彦（『森林飽和─国土の変貌を考える』NHK出版、2012）らにより、戦前の日本の森林はひどく荒廃し、禿山ばかりであったことが明らかにされている。化石燃料や電気が主流になる以前、山林の木材こそが人々が使用できるエネルギーだったからである。そうなると富山の説くかつての日本人と河川の美しい共生関係を鵜呑みにすることはできないことが分かる。また、近年各地で頻発す

写真 2　暗渠にされた川の痕跡
親水性は完全に失われている。

写真 3　大丸水路
かつて生活空間の表にあった水路は、そのほとんどが裏側に追いやられ、暗渠化されている。

る数百年に一度という集中豪雨と、それにともなう水害を目の当たりにすると、無駄な公共工事扱いされてきたダムが、災害の軽減に役立ったとの声も聞かれるようになった。

2 治水と地域デザインのあり方

いずれが正しいにしても、治水に関わる議論ほど真っ向から対立する議論もない。それだけ莫大な資金の動きが関わるからに他ならず、中立で語ることは甚だ難しい。このようなときは、海外との比較が事態を客観視するための一つの手段ではないかと思う。

日本の河川は急流が多く、治水方法を大陸と比べることは無意味と言われることもある。だが、隣の中国は大陸にもかかわらず、度々大水害が発生している。そして、日本と中国に共通するのは、巨大土木工事を実施しているということである。

ヨーロッパの河川を見ると、都市の真ん中を流れる比較的大きな河川でも護岸がコンクリートで固められてはおらず、親水性の高い空間であることに驚くことがある。ただし、ヨーロッパは降水量も比較的少ないので、日本のようなコンクリートの護岸を必要としないのかもしれない。

写真4　クライストチャーチの市街地を流れるエイヴォン川
サイクロンによる大雨で洪水が発生したこともあるのだが、日本のような三面張の護岸にはならない。美しい親水性の高い河川景観を保持している。

世界各地の降水量を見ると、日本よりも多く、しかも日本と同じような地形を持った島国がある。ニュージーランドである。人口密度が低いこともあるだろうが、ニュージーランドの河川もヨーロッパ同様に自然なかたちをしている。例えば、人口密集地帯を流れるクライストチャーチのエイヴォン川も、見事に自然の流れのままに流れる河川である（写真4）。

これら海外の事例を見ると、富山説はある程度正しいと言えそうである。とは言え、近年頻発する水害を前に、ただちに都市内部を流れる河川を自然の川のように改変することは困難である。きわめて不思議なことだが、日本人は氾濫原に居住地を広げる一方、災害の危険を知るためのハザードマップの整備を遅らせてきた。最近まで「地価が下落する」との理由で、ハザードマップの作成と公表は忌避されてきたのである。バブル崩壊以降の日本人は「見たいものしか見ない（不都合なものは見なかったことにする）」国民性になったと言われる。ハザードマップの現状には、その近年の日本人の姿勢が如実に現れた感がある。

だが、度重なる大水害が続き、国は「都市再生特別措置法」などを改正し、2020年9月に自然災害に強いまちづくりに本格的に舵を切った。「災害レッドゾーン」を定め、病院やホテルなどの建設を規制し、危険なエリア内におけるまちとしての開発を原則禁止した。その結果、中心市街地が原則開発禁止になり、まちの活力をどう維持するかといった新たな問題も生じている。だが、このようなときこそ都市計画家の腕の見せ所ではないだろうか。

人口がどんどん減少していく時代に大規模なダム建設や護岸工事は、将来への負担を増やすのみである。やはり、危ないところには住まない。とてもシンプルだが、それが一番の治水なのである。

6-2　法律がつくる都市の景観

1 「線・色・数」がつくる都市景観

　日本の都市景観は、「線・色・数」ででき
ていると言われる。

　「線」は都市的な開発が許容される市街化区
域と、開発が抑制される市街化調整区域とを
分けるいわゆる「線引き」をさす。「色」はそ
の土地の用途を指定する用途地域（商業地域
や第一種住居地域など都市計画図上で色分けされ
ている）をさす。そして、「数」は建物の密度
や高さを決める建ぺい率と容積率の数値に
よる指定をさす。加えて、隣接地の日照、通風
等を守るための斜線規制も景観に大きな影響
を与えている（写真1）。これらは都市計画法
や建築基準法などの法律に定められたもので
ある。事業者はこれらの法的規制を侵さない
範囲で経済的利益を目いっぱい最大化しよう
とするため、その土地の都市景観は、おおよ
そこれらの法的規制で決定されてしまうので
ある。

　ヨーロッパの都市では、建造物の高さはも
ちろん、屋根や開口部の形態、使用可能な色
彩や素材まで法で定め、都市の美観が永続的
に保たれることを期している場合が多い。他
方、日本の都市では、ヨーロッパの都市のよ
うな建造物の美観を定める規定はほとんどな
く、無機的な線・色・数がそのまま景観を決
定していると言っても過言ではない。極言す
れば、個人がどんなに醜悪な建物を建てよう
と、この法律に定められた規定範囲を守りさ
えすればよいということになる。たとえ周辺
の住人が地域景観の保全を求めて提訴して
も、法律上の規定が守られている限り、裁判
で勝つことははなはだ難しい。

　無機的な線・色・数で決められる景観に異
を唱え、それに代わる生活空間の美観形成を

目指したことで知られるのが、神奈川県真鶴
町で実践された「美の条例」である。C.アレ
グザンダーのパタン・ランゲージをヒントに、
八つの「美の原則」と、それらを実現するた
めの69の「美のデザインコード」が定めら
れている。徹底した住人参加による民主的手
法を用いてまとめあげられたもので、その活
動は行政を中心に現在まで継続している。

　しかしながら、真鶴町の美の条例に注がれ
た熱量は並大抵ではなく、他の地方自治体が
実践するにはいささかハードルが高すぎるよ
うに思われる。また、大きな期待を持って真
鶴町を訪れても、そこにあるのは日本のどこ
にでもあるような衰退した小さな港町以上の
ものではない。建築単体としての「コミュニテ
ィ真鶴」（写真2）は興味深いデザインではあ
るのだが、美の条例が面的に敷衍している様
子を感じることは難しく、私権の強い日本で
空間的に連続した美しいまちの景観をつくる
ことの困難さを痛感させられる。

　あらためて既存の線・色・数を前提に美し
い都市景観を実現していく方法はあるだろう
か。東日本大震災以降、災害時の相互扶助意
識の高まりなどにより、行政やNPOなどに
よるまちづくり活動自体は全国的に大変盛ん
であり、そこかしこに小さな成功体験が蓄積さ
れつつあるのも事実である。今後は、これら
の成功体験を気軽に共有できるプラットフォ
ームの形成と、人々により積極的な関与を促
すファシリテーターの育成が求められるだろ
う。

写真1　斜線規制に依る形態
上部を階段状や斜めに切られたビルが多い。

写真2　コミュニティ真鶴町（神奈川県）

---

column

景観法で景観は美しくなったか？

　2004年に景観法が施行されてそれなりの時間が経過した。はたして景観法によって日本の都市景観は美しくなっただろうか。

　景観法が制定される前の1990年代末頃から2000年代の半ばまでの数年間は、学会などでの議論も活発で、期待は大きかったように思われる。だが、景観法自体が罰則をともなうような強権型の法律ではなかったことや、各自治体に運用をまかせる法律であったこともあり、景観法を活かせた自治体はごくわずかであったと言われている。実際のところ、大半の市町村はどうしていいか分からない状態であったようだ。

　2010年代以降は、法律施行前後にあったムード的な盛り上がりもなくなり、ほとんど忘れられた法律（建築基準法などと違って無視しても問題のない法律）になってしまったように見える。2013年から15年にかけて行われた主に東南アジアと中国に対するビザの緩和により一気に訪日外国人が増えたことも、都市美と都市の魅力、吸引力は関係がないと思わせてしまった要因ではないだろうか。

　ただ一方には、訪日外国人のほとんどは新興国の人々で、本物の伝統美や文化的芳醇さを求めてやってくる先進国の人々はそれほど増えていないという実態がある。また、インターネットの掲示板などを見ると、日本の都市景観の醜さについての辛辣な書き込みであふれているのが実情である。

　「見たいものしか見ない」近年の日本人にとっては、むしろ遠ざけたい存在であるかもしれないのだが、アレックス・カーのように飽かずに伝統的な景観美の復権を呼びかけてくれる外国人も存在する。景観の改善はもとより時間を要するものであり、忠言は耳に逆らえども、将来世代のために地道に進めなければならないだろう。さらに日本の縮退傾向が顕著になってきている現状では、限られた資源を効率的に活かすしかなく、より高度な戦略的景観改善策が求められることは間違いない。

2　2項道路（みなし道路）

　下町の路地を歩いていると、時々どうして
こんな道路のかたちになってしまったのだろ
うと思う場面に出くわすことがある。建築や
都市計画を学んだ者ならば、すぐに2項道路
が頭に浮かぶだろう。だが、そういった知識
のない一般の人々にとっては、何とも無計画
で、ただただ不格好な道路に見えるのではな
いだろうか。

　写真3にあるような不連続な路地が「2項
道路」の結果形成された道路である。建築基
準法第42条第2項に定められているため、
このような呼び名になった。

　建築基準法では、住宅などの建築物は、す
べて原則として幅員4メートル以上の道路に
接していること（接道義務）が求められる。基
本的に救急車などの緊急車両の通行を可能に
するためである。だが、建築基準法施行以前
から使われていた道路で、特定行政庁が道路
として指定したものは、4メートルの幅員を満
たさなくとも建築基準法上の道路と見なされ
る（そのため「みなし道路」とも呼ばれる）。た
だし、この道路に接した敷地に新たに住宅な
どを建設する場合は、道路の中心から2メー
トル後退したところに（つまり、セットバックし
て）建設しなければならない★1。

　下町の昔ながらの路地が残るようなエリア
の建造物は、木造低層住宅がほとんどであ
る。そのため年月を経て建て替えが進めば、
「自然に」幅員4メートルの道路が現れると考
えられたのである。しかしながら、もともと
下町の木造低層住宅の敷地面積は狭く、セッ
トバックすることによって失われる面積を考え
ると、建て替えに踏み出せない家主が多い。
高齢者が多いことや、建て替え費用の問題も
ある。結果として、敷地と資金に余裕があっ
た家主は建て替えを進められたのだが、それ
らに余裕のない家主は、老朽化した住宅に住
み続けることになった。路地はセットバック

の済んだ住宅の部分のみ幅員が広がり、そう
でないところは旧来通りの狭隘さであるため、
一見して不連続な路地空間ができてしまった
のである。

　戦前からの面影を残す歴史的な空間が少な
い日本の都市において、路地はかつての庶民
の暮らしを感じさせる貴重な空間である。江
戸時代にルーツを持つ路地園芸も盛んで、緑
も多い。何より都市内部にあってこれほどヒ
ューマンスケールを感じるエリアは他にはな
い。そして、近年は若者のまちづくりへの参
画など明るい兆しもある。空間の持つ親密性
を残しつつ、居住環境の質的向上、地域の永
続性などを担保できる方策を模索したい。

写真3　2項道路の景観

注釈

★1　1992（平成4年）の法改正により、特定行政庁
　　が指定する区域内においては原則6メートル
　　以上が道路として扱われることになった。

所有者不明の土地、空き家問題

日本の持ち主不明の土地が九州の面積を超えるというショッキングなニュースが伝えられたのは、2017年12月の所有者不明土地問題研究会（一般財団法人国土計画協会）の最終報告書によってであった（2016年推計で所有者不明の土地面積は約410万ヘクタール、対して九州の面積は約367万ヘクタールである）。地方で人口減少が加速度的に進み、適切に相続されない土地が増えていることは予想されたものの、これほどまでに所有者不明の土地が増加していると考えた人は少なかったのではないだろうか。

一方、空き家問題も気が付けば大変なことになっている。2018年の推計（総務省統計局）によれば、全国で約850万戸もの空き家が存在する。空き家は雑草が伸びて景観を悪化させ、老朽化により家屋が倒壊する恐れもある。不法占拠、不法侵入、放火などの犯罪リスクも高く、近隣の治安にも大きく影響する。

これらは明らかに相続に関わる登記簿制度の欠陥であり、急激な人口減少社会に直面して顕在化することになった問題である。国土交通省も法律を改正して対応しているのだが、個人の権利にも踏み込んだ大きな改革が必要な時期に来ているように思われる。また、地域の財産としての有効活用が可能であるような、新たな仕組みづくりも必要であろう。個人の資産に関することはすべてアンタッチャブルな「他人事」として扱う悪癖がついてしまったように思われるのだが、日本人のこの習性も改めなければならない時期であるのかもしれない。

市街地にも増える空き家

都市の生産緑地のこれまでと今後

生産緑地法は、諸外国に比して都市の緑が極端に少ない一方で、都市内部にも多くの農地を抱える日本の状況から生まれたものである。都市農地は土地の地盤を保持し、保水機能を有し、環境の向上にも寄与する。その定義は、①良好な生活環境の確保に相当の効用があり、かつ、公共施設などの敷地の用に供する土地として適しているものであること、②300平方メートル以上の規模の区域であること、③農林漁業の継続が可能な条件を備えていると認められるものであること、の3点である。つまり、都市緑地としての機能を負う代わりに、ある程度永続的な農地として、低い税率で保持できるとしたものである。

なお、生産緑地は30年間の営農義務があり、多くの生産緑地が1992年に指定を受けたことから、「2022年問題」が2010年代末頃から盛んに話題に上るようになった。これについては2017年に生産緑地法が改正され、生産緑地の指定がさらに10年間延長されることになったため、当面は現状維持の状態が続くものと考えられる。

現状は以上のようであるのだが、目前

閉鎖的な生産緑地

にある生産緑地は環境デザインの観点から二つの大きな問題を抱えている。一つはミクロな観点から、その周辺環境への緑としての貢献についてである。多くの生産緑地は、不格好な塀で囲まれたり、そのものが荒れていたりで、少しも美しくないものが多い。都市環境の向上に寄与するために存在するのであれば、そのための制度的規定も必要ではないだろうか。マクロな観点から見ると、日本の市街地がすでに伸びきっている状態（1970年から総人口がほとんど横ばいにもかかわらず、市街地面積が2倍に拡大していること）を鑑みれば、今後宅地として市場に開放することは得策ではない。個人の財産権にも関わるため非常に難しい問題ではあるのだが、ドイツ語圏のクラインガルテン（市民農園）のように都市内部に心地良い農地が広がるような景観が、日本でも実現できないものだろうか。大都市周辺の貴重な緑地を守るための、新たな知恵を絞らなければならないだろう。

公開空地とキッチンカー

　都心に高層ビルが増えるにつれて、ビルの足元に公開空地が増えた。気が付くとその公開空地に多くのキッチンカーが集まり、にぎわいを見せるようになった。

　そもそも公開空地とは何か。都市計画の建ぺい率、容積率に従って建設行為を進めていけば、都市はどんどん建て詰まって息苦しい空間になってしまう。元々十分な公園緑地などが計画されていればよいが、後から市街地のまとまった土地を自治体が購入して公園をつくるというのは、現実的ではない。一方、建設業者はできるだけ高層化して収益を上げたいと考えるが、許容される容積率は法律で定められている。そこで敷地の一定の割合を公開する（公開空地を設ける）代わりに容積率を緩和する（高層建築を可能にする）という、一種の取引の結果うまれたのが公開空地である（建築基準法第59条の2）。

　ここで公開空地設置の要件として、公開空地の土地を常設占有する営利目的の施設を禁じる条項がある一方、イベントなどでの一時的な占有は可能となっている。そこに常設占有する形態ではないキッチンカーが入り込んだ、というのが今私たちが見ている公開空地のにぎわいということになる。おそらく計画側には、公開空地にキッチンカーが集積するということは、思いもよらなかったことではないだろうか。法律の運用によってにぎわいを演出できるという、とても良い例になっている。

ビルの高層化によってできた公開空地に集まるキッチンカー

6-3 震災復興が残したデザイン

1 東日本大震災
（東北地方太平洋沖地震）

2011年3月11日に東日本を襲った大地震とその後の巨大津波の衝撃は、日本人にとってかつて味わったことのないほど強く、深いものであった（写真1）。

長年、土建国家と揶揄され、公共工事に巨

写真1　岩手県釜石市唐丹地区周辺
（破壊された巨大防潮堤）

額の費用を投じてきた日本。その象徴のようでもあった巨大防潮堤が無残に破壊された姿を見て、自然災害に力で対抗することの無力さを思い知った日本人は、少なくなかった。復興計画が練られ始めてしばらくの間、「減災」という言葉が復興のキーワードになった。人口減少が激しい東北沿海の地域に巨大な防潮堤を築くことはもう時代遅れだろう、という空気が漂っていた。被害を被った地元住人にさえも、巨大防潮堤建設に反対する声は少なくなかった。悲惨な状況下ではあったのだが、大震災、巨大津波という前例のないショックを受けて、ようやく日本人も変わるのだろうか、というほのかな期待が膨らんだ時期でもあった。

だが、いつの間にか巨大堤防の建設に舵を

写真2　福島県楢葉町付近の防潮堤
その巨大さに圧倒される。

写真3 福島県楢葉町井手川河口付近
海岸線や護岸を分厚いコンクリートで固めることは本当に
正しい選択だったのだろうか。

切る地域が増えていく。「安全」という言葉の前には、巨額の公共工事も致し方ないのか、かつてのダム建設のときのように表立って反対する人々は現れなかった。おそらく、実際には心の中で反対を唱えた人は少なくなかったのではないかと思われるのだが、自宅を奪われ、親しい人をなくした人々を前に、言い出すことは困難だったろう。当初、建設反対の声を上げていた地元住人も、「国からの予算だから」という理由にならないような理由で納得していったように見えた。

気が付くと沿岸部のほとんどの自治体は、巨大堤防で海と居住地を切り離してしまった。計画段階からその巨大さは想像を超えるものであろうことが予想された。だが、いざ完成した巨大防潮堤を間近に見ると桁外れの大きさである（写真2、3）。こんなに堅固に陸と海を切り離してよいのだろうか、開放感に満ちていたはずの海への眺望が断たれ、内側の人々は閉塞感に苛まれないのだろうか。

一度完成したら永久不変のように見える巨大防潮堤も、耐用年数は60年と言われ毎年巨額の維持費用もかかる。東日本大震災と同規模の巨大津波には用をなさないことも分かっている。実際に津波の恐怖を経験していない人間が口を挟むことではないかと思いつつ、「変われなかった」日本人への失望も湧き上がってくる。

だが、一縷の望みもある。釜石市花露辺地区のように防潮堤と決別した漁村も現れたのだ。巨大防潮堤があろうとなかろうと、東北沿海部の人口減少は進むだろう。だが、海へのランドスケープを捨てた地域と守った地域でどのように変化していくのか、長い目で見守ってみたい。

2 関東大震災

次の震災復興のデザインは、1923年の関東大震災後のものである。関東大震災は、東京を中心とした関東圏の都市に甚大な損害をもたらしたのだが、復興計画の過程で現代の都市計画やランドスケープに残された遺産は少なくない。

靖国通り、昭和通りなどの復興道路は首都の骨格を形成し、数多く残っていた畦道なども震災後の区画整理で整備され、その後の都市ガスや上下水道を敷設する基盤をつくった

写真4 東京都江東区亀久橋
オリジナルのまま残っているアール・デコ様式の欄干柱。
夜間はステンドグラスからレトロな光が放たれ美しい。

と言われている。だが、それらは現代の空間に埋没してしまい、日常生活の中で特に意識されることはない。ここで対象とする身近なデザインは、当時の東京市だけで国が142箇所、市が313箇所も建設した橋梁に関わるものである（写真4〜6）。

震災復興橋梁としてよく知られているのは、下流の相生橋から言問橋までの10橋で「隅田川十橋」と言われる（震災で壊れなかった新大橋は1977年に現在の橋に架け替えられた）。これらの建設にあたっては、特に美観が重視されたと言われる。現在の東京市街地の都市景観の大部分は全く世界レベルにないが、隅田川沿いの美しい景観は、このときの橋梁計画によるところが大きい。ただし、ここで紹介したいのはもっと身近なデザインである。

関東大震災で大きな被害を受けたのは、隅田川と荒川に挟まれた下町エリアであった。よく知られているように、比較的裕福な人々が多かった山の手エリアは地震に強く、被害も比較的軽微だったと伝えられる。さらに、第二次世界大戦末期の東京大空襲で被害の大きかったエリアもまた、震災にあったエリアとほぼ重なる下町であった。その結果、どうなったか。

震災復興で建設された丈夫な橋の中には、戦災を耐えて残ったものも、破壊されたものもある。だが、破壊された後、新たに架けられた橋梁でも、あるいは埋め立てられて道路の一部になった「元橋梁」でも、橋詰の空間は残されたのである。より分かりやすく言えば、親柱の欄干柱だけが残され、現在でも身近に見ることができる。注目してほしいのは、それらのほとんどがアール・デコ様式のデザインでつくられていることである。

関東大震災が発生した1920年代は、いわゆるアメリカのジャズ・エイジで、パリ発のデザインであるアール・デコ様式が、最新のデザインとして建築からファッションまで幅広く流行していた。震災復興当時、橋梁のデザインを担当した人々は、こぞってこの最先端のデザインであるアール・デコを採用したことが見て取れる。復興予算が大幅に削られる中で、それでも都市の美観に力を注いだ大正期の人々がいたことを、私たちは知っておきたい。なぜ、その後の日本人が都市美への情熱を失ってしまったのか、考える縁としたい。

写真5　首都高速道路9号線の高架下に残された欄干柱
橋がなくなった後もアール・デコ様式の欄干柱だけが残されている場合が少なくない。

写真6　東京都江東区木更木橋
再建されたアール・デコ様式の欄干柱

6-4 大型郊外型店舗（ビッグボックス店）と シャッター街

1 大型郊外型店舗（ビッグボックス店）と シャッター街の現状

　郊外型大型量販店、郊外型ショッピングセンター（あるいはショッピングモール）、ロードサイド店舗など、郊外に建設される箱型の大型商業施設をまとめてビッグボックス店と総称する（写真1）。日本の都市、特に地方都市のまちづくりや景観形成において、これほど大きな影響を及ぼしたものは他にないだろう。

　ビッグボックス店の発祥はモータリゼーションがいち早く進んだアメリカである。統一された定義はないのだが、アメリカでは1990年頃から研究が進められ、以下のようにビッグボックス店の特徴を整理している[★1]。

・商品の利幅を確保するよりも薄利多売で利益を得ている
・店舗は大規模で窓がなく、長方形のフロアを持つ1階建て店舗である
・均質化されたファサード（建物正面）デザインを有する
・自動車利用の買い物客を前提とする
・大規模駐車場を備えている
・コミュニティへの配慮や歩行者空間の快適性などがない

・田舎でも都会でも同じデザイン、同じ品揃えである

　肝心の規模についてはアメリカでも州によって違いがある。おおむね5000平方メートル（おおよそ70メートル四方）以上の店舗規模のものをさす。日本では都市計画法の規定もあり、これよりもずっと小規模な1000平方メートル程度から大型店舗として扱う場合が多い。

　日本の中小都市では、上記の特徴にピタリと当てはまるものも少なくないが、後述するようにホームセンターや大型スーパー・マーケットなどが複合化した郊外型のショッピングセンターのほうが一般的になりつつある。日本初の本格的郊外型ショッピングセンターは、1968年に開業した大阪府寝屋川市のダイエー香里店と言われる。地方都市の郊外に多数進出するようになったのは比較的最近のことで、1990年代後半からである。

　都心に位置するショッピングセンターを含む大型商業施設の数は、1996年に2000店を超え、2009年には3000店を超えた。2017年末現在でその数は3217店となっている（一般社団法人日本ショッピングセンター協

写真1　郊外型ショッピングセンター

写真2　日本各地に出現したシャッター街

会）。そのうち都市周辺地域に位置するものが2746店舗（85.4%）である。2021年現在、日本全国の市区町村の数が1,724であるから、ほぼ1自治体に2箇所のショッピングセンターがあることになる。これらは大規模小売店舗立地法や借地借家法、都市計画法の改正により、そのあり方や地域内での位置付けも変化してきた。

　大規模小売店舗立地法によって1980年代に郊外にショッピングモール（以下、モール）がつくられ始めると、中心市街地の衰退が始まった。中心商店街の衰退が始まると、歴史あるまちなみは維持できなくなり、シャッターを下ろす店が増えた（写真2）。地域の祭りなどを支えていた商店が弱体化するとともに、地域のコミュニティの維持も難しくなる。自動車での移動を前提としたモールに行けない高齢者を中心に、買い物難民も増加した。その一方で、古くなったモールには人が集まりにくくなり、移動距離に関係なく、より魅力的なモールに人々が集まるようになる。競争に負

写真3　アメリカで深刻化するゴーストモールの外観（上）と内観（下）（ニュージャージー州）

けたモールは廃墟化（グレーフィールド化）することになる（写真3）。

しかし、2000年の借地借家法の改正によって、テナントの入れ替えが容易になると、事態は変化する。デベロッパー側が定期的にテナントを入れ替えることにより、常に最新の流行を地方都市にもたらすことが可能になった。地方都市にいても東京と同じファッションを楽しむことができることは、大きな利点ではあろう。その一方で、日本の文化景観までが平滑化されてしまったとも言える。

2008年の都市計画法改正によって中心市街地の発展に貢献するモール以外の建設は認められなくなる。だが、この方策は広域の地域計画を考慮したものではないため、隣接する自治体の周辺（規制を受けないいわゆる「白地地域」）にモールの建設が行われるケースが増えている。都市間競争というと聞こえは悪くないが、モールを介した隣接自治体同士の顧客の争奪合戦は、より激しさを増したと言える。

さらに2010年代後半に入ると、ネット通販の伸張により店舗販売の劣勢が顕著となる。モール先進国のアメリカでは、ウォールマートの進出により中心市街地の小売店が完全に消滅したのち、まちにただ1軒だけの商業施設だったウォールマートが廃業し、商業施設が一つもないまちが数多く出現している。かつてのモールは「ゴーストモール」と化し、地域にとって貴重な雇用も消失してしまった。

アメリカで生じている現象は、やがて日本でも起こり得るだろう。これまで常に後手だった日本のまちづくりだが、今、まさに先回りした対策が求められている。

2　ビッグボックス店と 地域デザインのあり方

ビッグボックス店は、フォーミュラ・ビジネスのように個々の店舗のデザインを改善したからといってそれで済むものではない。都市計画、地域コミュニティの再生など、まちづくり全般に大きく関わる問題であり、特にビッグボックス店によって衰退した中心商店街をどう再生するかという問題とも深く関わってきた。

先行したアメリカはもとよりヨーロッパ各国でも、中心市街地を守るために郊外型大規模店舗の建設に対して様々な規制を設けることが、一般的となっている。その根底には住人自治の思想が強く反映していると言われる。放置すれば得体の知れない巨大資本によって自分たちのまちが姿を変えられ、人々の交流の場としてにぎわってきた中心市街地が衰退し、そして、長年培ってきた人々のコミュニティが破壊される。これらに対する強い警戒感が、次々と実効性のある条例制定に結び付いている。

日本でも1990年代から中心市街地の衰退が目に見えて激しくなり、中心市街地活性化についての議論が行われてきた。だが、実際には先進諸国が目指した方向とは、真逆の方向に邁進してきたのが日本の現実である。大都市近郊の人口集積に恵まれたエリアを除けば、多くの地方都市では行き着くところまで行ってしまった感がある。郊外の幹線道路沿いに続くファミリーレストランやファストフード店、低層で床面積の広いスーパー・マーケット、そして巨大な閉鎖型ショッピングモール

写真4　典型的な郊外の沿道風景
郊外型大型店舗、ファミリーレストラン、ファストフード店などが幹線道路沿いに延々と連続している。

（写真4）。手をこまねいている間に、すでに再生すべき中心商店街を失ってしまった中小都市も少なくない。

　高度経済成長が終焉した1970年代から2015年の間、日本の都市人口はほぼ横ばいである。その一方で市街地の面積は101%の増加、つまりちょうど2倍になった[★2]。世帯人口も減少を続け、2015年の国勢調査で初めて一人世帯が全体の3分の1を超え、今後も増え続けていくことが確実である。人口が減り続ける中、密度薄く広がった郊外に孤独な人々、特に一人世帯の高齢者が多く住まう姿が現実のものとなってきた。今はまだ深夜でも明かりが灯る郊外型商業施設も、やがて採算が取れなくなれば地元の都合など構うことなく撤退していく。郊外型商業施設がゴーストモール化した後の地域社会の人々は、アマゾンなどの通販サービスを頼りに生活するのだろうか。個々の人々の関係性はますます薄れることだろう。これらの結果としての孤独死者数は、2019年に4万人を超えたと推定される[★3]。同年の自殺者数2万598人、交通事故死者数3532人と比べても恐るべき数字である。

　本当に困った現実が目前に迫っている。自分たちの地域の問題を自分たちで議論し、自分たちで決定するという、当たり前の自治を取り戻す以外に方法はないのだが、この期に及んでも日本人は中央のお役所任せを決め込んでいるようだ。しばらく前、「日本人の状況はゆでガエルに似ている[★4]」と言われた。現在は、まさにゆで上がる寸前にある。

注釈

★1　矢作弘『大型店とまちづくり』（岩波書店、2005）を参照した。

★2　国土交通省資料による。

★3　「孤独死」という言葉に対する法律上の定義や全国的なデータは現状ではまだない（2021年現在）。大阪府が2019年に独自に行った調査では、孤独死を「事件性がなく、誰にも看取られることなく屋内で死亡し、死後2日以上経過してから発見されること」と定義してその数を割り出している。それによると大阪府における2019年の年間孤独死者数は2,996人となった。大阪府の人口が日本の全人口の6.99%であることから、単純に人口比で推計すると日本全国では42,837人という数が導き出される。この推計値の信憑性はともかく、相当数の孤独死者が発生していることが推定される。（参考：大阪府警調査、朝日新聞デジタル 2020.2.7）

★4　湯だった熱湯にカエルを入れると熱さで飛び出すが、水の中にカエルを入れてゆっくり熱すると、逃げることなくゆで上がってしまうことをさす。日本の状況は誰もが将来に向けて危ういと感じているにもかかわらず、その進行速度が感覚的にはゆっくりであるため、誰も現状を変えようとしない。

終章
死生観とランドスケープ・デザイン

カルロ・スカルパ設計、ブリオン・ヴェガ墓地のエントランス（イタリア）

写真1 ノーザン・サブアーブス・メモリアル・ガーデンズ（オーストラリア）

　本書の最後は、究極のランドスケープ・デザインとも言える死生観のデザイン、その表出としての墓地のランドスケープデザインについて記述する（写真1）。

　「墓地は社会の鏡である」と言われる。死んだらどう葬られたいかという個人の願い、亡くなった人をどのように祀りたいかという親族など生者の思い、精神世界の表現として死後の世界はどうありたいかという民族的な意識、さらに、土地利用や埋葬コスト等の現実的合理性についての社会的コンセンサスが一体となり、墓地空間が形成されているためである。良くも悪くも、その社会の成熟度も反映されている。

　海外の事例を比較してみれば、これらは如実に見て取れる。例えば、国土の3分の1が干拓地であるオランダは、限られた土地を有効に使うために、どこまでも合理的な都市と墓地の形態を追求する姿勢が鮮明である。北方の厳しい気候にあって生の象徴としての緑をことさら重

んじ、死んだら森に帰るという死生観を持つドイツの都市と墓地は、すでに19世紀からビオトープ（生物生息空間）としての機能を有し、墓地にはクラインガルテン（市民農園）が併設されている。現在はヨーロッパの小国でありながら、過去の華々しい栄華を誇るオーストリアは、都市と墓地をことさら壮麗に演出し、モーツァルトやベートーベンの墓地は、歴史的芸術家の存在を感じられる空間をつくっている。一方、国家よりも地域のアイデンティティや一族の存在感が際立つイタリアでは、世界的には名もなき地元の英雄を讃え、壮麗でありながら温かく親密な都市と墓地の空間をつくっている。

　それでは、わが日本の一般的な都市の墓地はどうかといえば、清潔で安全ではあるものの、均質で特に主張もなく、ひたすら単調な空間が広がっている。墓地研究で著名な森謙二によれば、「日本の墓地は個人や家族の単なる集合体であり、ヨーロッパのような文化施設にはなっていない」ということである。だがそれ以上に、日本の墓地空間やシステムはまだ歴史が浅く、無縁墓や墓石の不法投棄問題などをともない、いまだに定まったものがない状態で漂流しているように見える（写真2）。

　ランドスケープ・デザインの観点を交えた日本の墓地の問題点と、今後のあり方について見てみよう。

墓地の現状と問題点

　近年まで「墓地問題」と言えば、需要と供

写真2 真駒内滝野霊園（北海道）
墓地までディズニーランダイゼーションしてしまった例。日本人の景観に対する無理解が表出している。

写真3　墓石不法投棄現場

給の関係で「墓地が不足している」「高額で入
手困難」ということが主な問題であった。だが、
人口減少が進み、人々の価値観が一層多様化
する現在、問題も多岐にわたっている。紙幅の
制限からすべてについて詳述することはできない
のだが、主に以下のような問題が顕在化してい
る。

1）無縁墓の急増と墓石の不法投棄問題

大都市に人口が集中する一方、地方では激
しい人口減少に直面している。都市に生活の場
を移した人々にとって、地方に残した先祖代々の
墓は重荷でしかない。正当な手続きを経て「墓
仕舞い」が行われる場合はまだいいが、見捨て
られたように無縁化するもの、また、山林や海洋
に不法投棄される墓石が増加している（写真3、
4）。

2）墓を持てない人、持ちたくない人の増加

一貫して単身世帯は増え続けており、2040年
頃には約4割が単身世帯になると予想されてい

写真4　日本の墓地景観
雑草の茂る区画は無縁化した墓所

る。生涯未婚率も上昇を続け、死後に弔われな
い人が増加すると同時に、既存の墓を守ること
も不可能になる人が急増する。子孫のいない家
庭も増え、墓を持ちたくない人も増加している[★1]。

3）疑似自然葬

樹木葬などの自然葬とは、自然に還る葬送の
かたちと考えるのが自然ではないかと思われるの
だが、実際にはステンレスなどの容器に焼骨を
入れたり、地中のコンクリートの箱に収められた
りで、自然には還らない「自然葬」が多い。これ
らの現実を知って戸惑う人も多い。遺骨を自然
に還さないのは、管理者側が永年にわたって管
理費を徴収するためではないかと、つい勘ぐって
しまう。また、火葬に付された焼骨はセラミック
化しており、本当の意味で自然には還らないこと
も留意すべきである。

4）ビル墓の増加

都心には永代供養墓として、ビル型の墓地が
増えている。「永代供養」と聞けば、感覚的に
は未来永劫供養してくれるところと想像されるの
ではないかと思うが、実際には年会費の支払い
が止まれば別のところに合葬される形態である。
建造物には耐用年数があり、日本は地震国でも
ある。将来、建物の耐用年数が過ぎたらどうす
るのだろうか、地震で建て替えが必要になった
ら遺骨はどうなるのだろうか。基本的に経済活
動の中心となる都心は生者のための空間とすべ
きではないか。目先の利益だけで建設を許して
よいのか、よく考えるべきであろう。

▶ あるべき墓地空間のデザイン

　理想の墓地とはどのようなものだろうか。日本で発生している問題と、先進的な墓地システムを有する海外事例を比較すると、日本人がこれからつくるべき墓地デザインの原則は、以下の5点であると考える★2。

1) 墓地空間を循環的・永続的に使用可能な仕組みがあること（写真5〜8）

2) 人々の幅広い要求に応える多様な墓所形態を有すること（写真5、6、10）

3) その土地の歴史を刻み、後世に伝える文化施設であること（写真9、12、13）

4) 追悼の場に相応しい美しく神聖な空間であり、設備も合理的にデザインされていること（写真12〜15）

5) 民族の死生観を反映した墓地空間であること（写真11、14、15）

写真5　シティ・オブ・ロンドン墓地（イギリス）
ロンドンにある永続的利用が可能な樹木（バラ）葬タイプの墓地

写真6　ルックウッド墓地（オーストラリア）
シドニーにある永続的利用が可能な樹木葬タイプの墓地

写真7　ガンガーリン墓地（オーストラリア）
キャンベラにある永続的利用が可能な樹木葬タイプの墓地

写真 8　マヌカウ・メモリアルパーク（ニュージーランド）
オークランドにある墓地に設けられた散骨場

写真 9　ジールフェルト墓地（スイス）
チューリッヒにある公園に戻すことが決まった市街地の墓地。時間をかけて墓所を撤収している。

写真 10　ゾールフリィ墓地（オランダ）
アムステルダムにある天使像、モダンアート、ゴリラの彫刻等、多様な墓所が見られる墓地

写真 11　オールスドルフ墓地（ドイツ）
ビオトープとして計画されたエリアのあるハンブルグの墓地

以下に、五つのデザインの原則について解説する。

1）墓地空間を循環的・永続的に使用可能とする仕組みがあること

無縁墓や墓石の不法投棄が急増する一方で、新規の墓地開発も続いている。だが、本格的な人口減少時代を迎えた現在、新たな墓地を増やしたり拡張したりすることはもう得策ではない。現在ある墓地をいかに有効に永続的に使い続けるかを考えるべきである。

最も簡単な方法は、オランダなどで行われている期限付きの墓にすることである。日本では毎年管理料を支払うが、アムステルダムの墓地では最初10年か20年の使用契約を結んで使用料を払い、その後使用期限に達したら延長手続きをするとともに再契約する。管理者に聞くと2回以上延長する人はほとんどいないということだった。延長料金が支払われない墓地については、次に必要とする人に譲る原則となっており、遺骨は合葬墓に移され、墓石は路盤材などに再利用される。こうして墓地は永続的に使用可能となる。

2）人々の幅広い要求に応える多様な墓所形態を有すること

オランダやフィンランド、オーストラリアといった墓地先進国では、墓所のヴァリエーションが非常に豊富である。名誉墓地には芸術作品のような墓碑が並ぶ一方で、宗教宗派に則った一般的な墓地、小型の集団墓地、水葬墓地、屋外のロッカー墓地、最も簡素なものでは墓地の塀にバッジのようなネームプレートを挿しただけのものまで、実に様々なものがある。日本も一般墓地に加えて樹木葬墓地やロッカータイプなど、ヴァリエーションが増えているように見えるものの、墓地先進国と比べると数分の1程度しか選択の余地はない。

費用のかかる一般的な墓地を持てない人が行き場を失ったり、墓地を持たないことを選択し、格安の海上散骨を選択したために、後で喪失感を覚える人が少なくなかったりという日本の現実は、先進国として無策すぎる。

3）その土地の歴史を刻み、後世に伝える文化施設であること

大都市の墓地には少なからぬ歴史上の偉人が埋葬されている。彼らはそれぞれの分野で歴史をつくってきた人々である。青山霊園の大久

写真12　ウィーン中央墓地（オーストリア）
中央がモーツァルト、その右がシューベルト、左がベートーベンの墓所

保利通の墓や、谷中霊園の渋沢栄一の墓のように、抜きん出た巨大な墓所もある。だが、わが国の墓所から国や地域の歴史を巡ろうと思うと、1日がかりで回ったとしてもごく断片的に捉えるのがやっとである。それらを知らしめるようには構成されていないからである。

例えば、ウィーンの中央墓地は最も整備された例である（写真12）。音楽や政治といったジャンルごとにエリアが分けられ、ウィーンで活躍した人々の歴史を一目で掌握することができる。これらは大型バスで外国人観光客が訪れる定番コースに組み入れられて外貨を稼ぐ一方で、オーストリア人のアイデンティティの形成にも大きな役割を果たしている。

地方レベルの墓地では、イタリアの地方都市の墓地のように、地域で活躍した人々が栄誉墓地に祀られ、その地域の歴史を身近に感じられるようにしたい（写真13）。墓地の整備によって市民や地域住人にその土地の歴史を知らしめることは、やり方次第ではそれほど資金をかけなくとも可能だろう。

近年、葬儀は家族葬で済ませ、人知れず埋葬されるという著名人が少なくない。逝去のニュースでは、「すでに葬儀は近親者で済ませ、後日お別れの会を開くことを検討中」というアナ

ウンスに触れることが多くなった。だが、それぞれの分野に歴史で名を残した人々の扱いは、一般の人々と多少異なってもよいのではないだろうか。芸能人にせよ文芸作家にせよ、大成功を収めた人たちはこの世界に生きる人々にも大きな影響を残しているはずである。死しても地域の歴史的資源として貢献できるならば、その業績が分かる墓所を残してもよいのではないだろうか。

4）追悼の場にふさわしい美しく神聖な空間であり、設備も合理的にデザインされていること

日本ではいまだに墓地は陰鬱で暗いものというイメージが強い。公園や庭園のような墓地づくりが行われるようになり、徐々にそのような暗いイメージは払拭されつつあるのだが、デザインの質はまだまだ高いとは言えない。オランダなどでは水回りや管理用具のデザイン的統一性に感心させられる。世界に誇る日本の工業デザインのレベルの高さは、残念ながらわが国の墓地空間には及んでいない。

空間デザインについて見ると、特に民間の墓地にはヨーロッパ風のデザインも数多く取り入れられるようになったのだが、いかにも表層だけの模倣というものが少なくない。尊厳ある空間に、これらまがいもののコピーデザインは避けたい。

5）民族の死生観を反映した墓地空間であること

五つの原則としてあげた中で一番ハードルが高いかもしれない。世界的に見ても民族の世界観、死生観を反映した墓地空間をつくっている国はまだ多くない。ランドスケープ・デザインの傑作として世界遺産にも登録されているスウェーデン・ストックホルムにあるエリック・グンナール・アスプルンド（Erik Gunnar Asplund 1885-1940）設計の「森の墓地」は、最も素晴らしい例であろう（写真14）。同じ日本の高野山もまた、空海が構想した世界に類のない空間である。現

写真 13　ヴァンティニアーノ墓地（イタリア）
世界一美しい墓地の一つと言われるブレーシアの墓地

写真 14　森の墓地（スウェーデン）
上）エントランスからの景観、下）聖十字架礼拝堂（左端）とロッジア。20世紀の建築物として初めて世界遺産に登録された。

代の私たちは墓地の空間において、1200年前
の空海を超えていない。面積は狭くとも、英知
を集めて実現させたい。

その他　グリーンインフラとしての墓地

　間違いなく世界一緑豊かなハンブルグのオー
ルスドルフ墓地（写真11）、もともと木材調達地
としての森だったミュンヘンの森の墓地など、ド
イツにはビオトープとして計画された墓地が少な
くない。また、墓地単独でビオトープを形成する
のではなく、隣接するクラインガルテンと一体に
なり、大都市近郊にありながら広大な緑地空間
を形成していることも珍しくない。明治期に計画
された青山霊園や谷中霊園などは、都心に位置
し、ビオトープとしての生態系保全と、貯水機
能を持つグリーンインフラとして、積極的に位置
付けていくべきである。

　繰り返しになるが、墓地はその社会の鏡であ
り、その国の都市ランドスケープをも映してい
る。都市のランドスケープが良くなれば、墓地
のランドスケープも良くなるのか、あるいは、墓
地のランドスケープが良ければ、都市のランド
スケープも良くなるのか、卵が先か鶏が先かのよう
な議論になってしまう。だが、どちらがより「美
しく社会に適したもの」にしやすいかと言えば、
それは圧倒的に墓地のほうだろう。ネクロポリス
（死者のまち）が、永続的に安定した美しい場で
あるのであれば、いずれ生者の空間もそうなる
のではないか。そうなることを期待しつつ、超
多死時代に向かう日本の墓地のランドスケープ
を考えていきたい。

注釈

★ 1　国立社会保障・人口問題研究所による推計、2018
★ 2　ドイツ、オランダ、スウェーデン、オーストラリア、ニュージーランドなどの墓地先進国において、一定
　　　規模以上の墓地は、ここで上げた墓地デザインの5つの原則を概ねすべて有している。墓地デザインの
　　　原則と写真の対応は、原則のイメージを伝えるために示したものである。

戦争によって激しい破壊を受けた日本の都市は、戦後奇跡的とも言える復興を遂げました。今、私たちの眼前にある都市景観はまさに戦後につくられたものであり、今でもその基盤には一日も早く復興しようとした先人の思いが沈潜しているようです。「世界の先進国の中で最も美しくない」と言われる日本の都市景観を一方的に非難する気にならないのは、そういった先人の苦労が現在にまで何らかのかたちで伝播しているからに違いありません。

日本における戦後の都市形成の中では、経済効率性が最優先される一方で、美観といった直接生活に関わらないものが軽視され続けたことは、残念ながら否めません。近年は電柱やけばけばしい看板、不揃いな建築などを日本らしい風景として肯定する向きもありますが、どうしても開き直りのような感じがしてしまいます。そのような中で「美しい景観を創る会」のように建築・ランドスケープ界を代表する錚々たるメンバーが結集し、何とか改善を図ろうと「悪い景観」をやり玉にあげたことがありましたが、一般の人々からは賛同を得るよりも反発を受けるほうが大きかったようです。事程左様に、すでに馴染んだ都市景観を改変するのは難しいようです。結局のところ、現在まで何ら目立った改善はなく、今後も大きく改善される見込みはなさそうに見えます。

一方で、自分の住むまちや生まれた地域などを誇るという感情は、多くの人々に共有された普遍的なものと言えるでしょう。景観的には乱れていても、日本の都市空間は清潔であり、安全である点においては世界に誇れるものです。ばらばらな建築物の風景も、建築の自由が保証された民主主義的な景観であると言われれば、反論するのは難しいでしょう。

そうは言っても、成熟した社会を目指す日本にとって、いつまでも戦後間もなくのようなデザイン的混乱状態を放置していいはずはないでしょう。近代デザインの始まりとされるアーツ・アンド・クラフツ運動から近年のポストモダンまで、デザイン史のムーヴメントをすべて同時代的に経験してきた国は、西ヨーロッパの主要国以外では日本ぐらいであると言われます。事実、景観以外のデザイン分野では、多くの世界的デザイナーや建築家を輩出してきています。私たち日本人の中には、すでに十分なデザイン的知識が蓄積されていることに間違いはありません。

ドイツもまた日本と同様に、先の大戦では大きな破壊を受けました。しかし、同じく「奇跡の復興」を遂げたドイツは、都市景観も集落景観も世界から称賛される美しさを取り戻しています。他方日本は、戦災を免れた伝統的なまちなみさえも、みずから破壊してきました。高度経済成長が終わった1970年代からでさえ、数多くの歴史的なまちなみが失われた事実は重大です。そしてついには、2000年に先進国クラブと言われるOECDから「都市空間が醜すぎる」という勧告まで受けています。これはかなり不名誉なことのように思われますが、このことを知っている日本人は案外少ないようです。視聴率至上主義のマス・メディアによる「日本、すごい！」とい

う喧伝に掻き消されているとしか思えません。

　こうなってしまった原因はいろいろ考えられますが、今さら個人の私権を制限するようなデザイン規制は難しく、それに賛同するのは一部の専門家ぐらいのものでしょう。では、全く望みがないかと言えば、そうでもないのではないかと思います。若者の海外旅行離れが伝えられてはいますが、それでも海外経験を有する日本人は少しずつ増え、外国との都市景観の美しさの違いをまざまざと見せつけられたと感じる人も増えています。来日外国人の増加にともなって、テレビでの親日的な意見とは裏腹に、SNS上では日本の都市景観に対する辛辣な意見が満ちています。日本人の意識も変わらざるを得ない状況にきているのではないでしょうか。

　しかしながら、ここでもう一つ大きな問題があることに気が付きました。人々はデザインを語る言葉を持っていないのです。

　東京オリンピック・パラリンピックの開催が決定してからの数年間は、かつてないほどお茶の間でデザインが語られた時期ではなかったかと思います。ワイドショーでも連日のようにエンブレムのデザインや新国立競技場の建築デザインが話題になっていました。私はこれらをすべて見ていたわけではありませんが、テレビに出てくるコメンテーターたちがデザインを批評しようとするときに、あまりにデザインを語るヴォキャブラリーが少ないことに唖然としました。これではたとえ人々がまちのデザインを議論して改善を試みようにも、具体的な話を始めることすらできないのではないだろうか、と思われました。公共のデザインを語るうえで、調和、共存、伝統などといった言葉は、コメンテイターと称する人々によって頻繁に使われましたが、これら抽象的な言葉のみで現実的なデザインの問題に踏み出すことは不可能でしょう。

　人々がデザインを理解して、それを語る言葉を得たときに、初めて地域のデザインを議論する土台ができるのではないかと考えます。そして、まちなみや地域の景観は改善の緒（いとぐち）をつかむことが可能になるのではないでしょうか。私は、人々にデザインを語るための言葉を提供することを最大の目的として本書を執筆しました。

　戦時中に極度に制限された個人の権利が、戦後に大きな反発を持って解放されたことが、日本人の他国に類を見ない私権の強さにつながったと言われます。中国なら数年かからずに開通する幹線道路が、公共より個人の権利を尊重するあまり50年経っても完成しないのが日本の現実です。このような独自の民主主義をかざす日本において、私権の制限をともなう景観デザインの改善を行っていくには、まず議論の土台を整えるところから始めるしかないと考えます。

　本書が環境デザインの学習者のみならず、多くのまちづくり関係者にとって有用なデザイン選択の手引となることを心から願っております。

　2021年3月

　　　　　　　　　　　　菅野 博貢

出典・提供

本書の執筆にあたりまして、多くの資料を参考にさせていただきました。
ここに改めて謝辞を申し上げます。

1章

1-2
写真2　メトロポリタン・ミュージアム所蔵
写真3　称名寺所蔵
図　　太田静六提供（日本建築学会編『日本建築史図集　新訂第三版』彰国社、2011）

1-3
写真1　慈済院所蔵

1-4
写真2　邨田丹陵（1872-1940）：壁画「大政奉還の図」聖徳記念絵画館所蔵

1-6
写真1　一乗寺所蔵
写真2　長谷川等伯：利休居士画像（1595年制作）表千家不審菴

1-7
写真1　大阪城天守閣所蔵

3章

3-1
写真2　[Strawberry Thief] 1883, Tapestry, Victoria and Albert Museum, London 所蔵

3-2
写真7　表紙・装丁デザイン：藤島武二（1901）

3-3
写真1　Enno Kaufhold : Berliner Interieurs, Photographien von Waldemar Titzenthaler. Berlin, Nicolai 1999, S. 9.
写真3　Claudio Divizia / Shutterstock. com

3-4
写真1　撮影：ハンス・G・コンラッド、1955年10月1日
写真2　静的–動的グラデーション (Paul Klee, 1923)、Everett Collection, USA

3-5
写真2、3　Kunstmuseum Den Haag 所蔵
写真4　[Composition] 1914, Kimbell Art Museum Texas, USA 所蔵
写真5　[Composition with Red, Blue, and Yellow] 1930, Kunsthaus, Zürich, Switzerland 所蔵
写真7　Luctor
写真8　オープンハウス提供

3-6
写真2　トレチャコフスキー美術館所蔵
写真4　宇都宮美術館所蔵
写真5　プーシキン美術館所蔵
写真7　ブックオフグループホールディングス（2018年お正月セールのポスター）

3-7
写真1　Allan Morrison / Shutterstock. com
写真2　ブルックリン・ミュージアム所蔵

写真3　バツアートギャラリー所蔵

4章

4-1
写真1　Alizada Studios / Shutterstock. com
写真2　Ad Meskens
写真3　Alizada Studios / Shutterstock. com

4-2
写真5　Gottscho-Schleisner, Library of Congress, Prints & Photographs Division
写真6　日本たばこ産業

4-3
写真1　Gertan / Shutterstock.com
写真3　[CAMPBELL'S SOUP I (Vegetable)] 1968, MoMA 所蔵
写真4　[Girl with Hair Ribbon] 1965、東京都現代美術館所蔵

4-4
写真1　William A. Morgan / Shutterstock. com

5章

5-3
写真1　赤瀬川原平『超芸術トマソン』筑摩書房、1987（無用階段1　発見者：赤瀬川原平、南伸坊、松田哲夫　発見場所：東京都）

6章

6-4
写真3　John Arehart / shutterstock.com（ウェイン・ヒルズ・モール、ニュージャージー州）

特記のないものは筆者・学生の撮影、またはパブリックドメインによる。

主な参考文献

篠原修編『景観用語辞典』彰国社、1998

環境デザイン研究会編著『環境デザイン―体験・風土から建築・都市へ』学芸出版社、1998

土肥博至監修『環境デザイン用語辞典』井上書院、2007

進士五十八『日本の庭園―造景の技とこころ』中央公論新社、2005

小野健吉『日本庭園―空間の美の歴史』岩波新書、2009

宮元健次『図説 日本庭園のみかた』学芸出版社、1998

川本重雄『寝殿造りの空間と形式』中央公論美術出版、2012

熊倉功夫『茶の湯の歴史―千利休まで』朝日新聞社、1990年

進士五十八・白幡洋三郎編『造園を読む―ランドスケープの四季』彰国社、1993

岡崎文彬『ヨーロッパの造園』1969年、鹿島出版会

ガブリエーレ・ヴァン・ズイレン『ヨーロッパ庭園物語』創元社、1999

中山理『イギリス庭園の文化史』大修館書店、2003

田路貴浩『イギリス風景庭園―水と緑と空の造形』丸善株式会社、2000

遠山茂樹『森と庭園の英国史』文芸春秋、2002

ペネロピ・ホブハウス編著『世界の庭園歴史図鑑』原書房、2014

岩切正介『ヨーロッパの庭園―美の楽園をめぐる旅』中央公論新社、2008

高階秀爾監修『西洋美術史』美術出版社、2002

柏木博『デザインの20世紀』NHK出版、1992

海野弘『現代デザイン―「デザイン」の世紀を読む』新曜社、1997

阿部公正監修『世界デザイン史』美術出版社、2012

竹原あき子・森山明子監修『日本デザイン史』、美術出版社、2003

原研哉『日本のデザイン―美意識がつくる未来』岩波書店、2011

熊倉洋介他著『西洋建築様式史』、美術出版社、1995

鈴木博之『都市へ』中央公論新社、2012

矢代眞己、田所辰之助、濱嵜良実『20世紀の空間デザイン』彰国社、2003

土田旭＋都市景観研究会編著『日本の街を美しくする―法制度・技術・職能を問いなおす』学芸出版社、2006

赤瀬川原平『超芸術トマソン』筑摩書房、1987

中川理『偽装するニッポン』彰国社、1996

五十嵐敬喜・池上修一他『美の条例―いきづく町をつくる』学芸出版社、1996

富山和子『水と緑と土―伝統を捨てた社会の行方』中央公論新社、2010

大田孟彦『森林飽和―国土の変貌を考える』NHK出版、2012

矢作弘『大型店とまちづくり』岩波新書、2005

菅野博貢 (かんの ひろつぐ)／明治大学農学部准教授

1963年生まれ。1986年筑波大学芸術専門学群環境デザインコース卒業。
1995年東京大学大学院工学系研究科博士課程修了後、(財)国際開発センターを経て、
2005年より現職。博士(工学)。
研究分野は、ランドスケープ・デザイン、都市計画、居住環境計画

受賞　日本建築学会奨励賞 (1998)

著書　『世界の庭園墓地図鑑　歴史と景観』(原書房)

　　　　『流動する民族－中国南部の移住とエスニシティ』(平凡社) (共著)

　　　　『環境デザインの世界―空間・デザイン・プロデュース』(井上書院) (共著)

編集協力：涌井彰子

ブックデザイン：宇那木孝俊 (宇那木デザイン室)

空間から読み解く環境デザイン入門

2021 年 5 月 10 日　第 1 版　発　行

著　者	菅　野　博　貢
発行者	下　出　雅　徳
発行所	株式会社 彰　国　社

著作権者との協定により検印省略

自然科学書協会会員
工学書協会会員

162-0067 東京都新宿区富久町8-21
電話　03-3359-3231 (大代表)
振替口座　00160-2-173401

Printed in Japan

© 菅野博貢　2021 年

印刷：真興社　製本：中尾製本

ISBN 978-4-395-32166-7 C3052　　https://www.shokokusha.co.jp